激辣中國

從廉價到流行，
辣椒的四百年中國身世漂流記，
探查地域傳播、南北差異到飲食階級

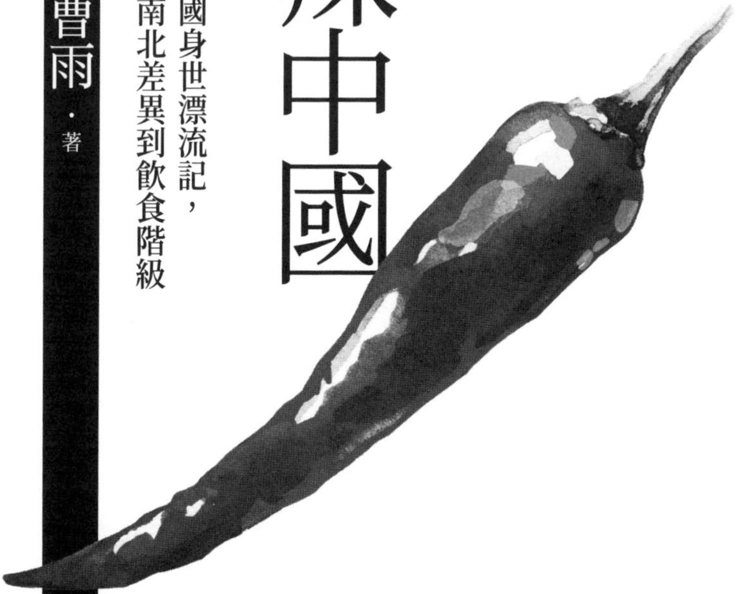

曹雨・著

目次

新版前言

當代中國菜中，最引人注目並發出訝異驚嘆的，也許就是滿盆紅油辣椒的「川派江湖菜」了。去年，我曾與莊祖宜女士討論過這個問題，她說：「從小不只跟著外公外婆在家裡吃川菜，也隨大人上過許多川菜館，卻從來沒有看過水煮牛、水煮魚、酸菜魚、辣子雞這些菜式。那些大麻大辣又大盆的菜，我還是後來到美國留學才見識到的。台灣過去館子裡的川菜，若高檔就是上河幫官府那套走勢——清鮮、小辣、著重刀工，甚至常和淮揚菜混合在一起，統稱『川揚菜』，街頭小館則是現在一般成都人家裡的小煎小炒，著重調味但少油小辣。」

以我個人的經驗來說，那種「滿盆辣椒」的新式川派江湖菜，可能是最近幾十年才被發明出來的。我是一九八四年生人，我記得小時候父母帶我去廣州有名的川菜館子，當時的川菜給我印象是「豐腴厚味」，倒不是很辣，也沒有很唬人的大盆紅油。在最近的三四十年時間裡，中國菜發生了「翻天覆地」的巨變，這種巨變的背後，是中國二十世紀以來的重大社會變革。

中國是一個幅員遼闊的國家，國內的氣候多樣性甚至比整個歐洲還更加豐富，從黑龍江畔的亞寒帶針葉林到海南島的熱帶雨林，從西部乾旱的內亞高原到東部溫暖潮濕的沼澤地帶。差異巨大的地理條件意味著每個區域都有深厚的地方飲食傳統。而辣味，在中國成為一個移民社會以前，僅僅是長江中上游地區的地方口味。

雖然中國人一直喜歡使用各種香辛料，諸如薑、韭、花椒、茱萸，但辣椒的辣味進入中國食物是相當晚近的事情。大約在十六世紀晚期，辣椒才由葡萄牙和荷蘭航海者帶到他們在東南亞沿海的貿易據點。而在東南亞一帶活躍的中國海商，又把辣椒帶進中國——並不是作為食物，而是作為一種園藝觀賞植物。

中國人大約在十七世紀中期重新發現了辣椒的食用功能，貴州省東部的少數民族將辣椒作為代鹽下飯的利器。貴州極度缺乏食鹽，沒有一個鹽井，而明清兩代的鹽引制度又使得鹽價畸高。辣椒成為了南方山地農民為數不多的，能夠吃得起的調味品，在整個十八、十九世紀，辣椒迅速蔓延，南方內陸山區的貧農幾乎都成為了嗜辣者。

這種情況也給辣椒打上了鮮明的階級烙印。傳統的仕紳貴胄對於平民間流行的辣椒很抗拒，認為辣椒是一種粗鄙的、對健康有害的食品。中國上流社會對於辣椒的刻板印象，即使在清朝覆滅民國成立以後也沒有得到扭轉。辣椒始終是一種難登大雅之堂的食物，即便在今天的中國，高等級的招待宴席上通常也不會出現辣椒。

毛澤東有一句名言「不吃辣椒不革命」。辣椒與中國革命糾纏得如此深，以至於幾乎成為了革命的符號。在二十世紀上半葉的革命中，共產黨發動的群眾大多數是南方山區的貧農，就是那些早已愛上吃辣椒的人，他們的飲食習慣不可避免地塑造了中國共產黨的政治文化符號，紅色的，辛辣的，反抗傳統的。

隨著一九四九年共產黨取得政權，辣椒的命運也被徹底改變，從被輕賤的貧農食物，一躍而升成為革命者的食物。符號意義的改變解除了辣椒的鐐銬，使之具備大範圍流行的潛力，但由於當時中國的人口還沒有大規模流動起來，各地的飲食傳統仍相當堅固，吃辣雖然沒有階級的限制了，但地域的限制還是存在的。如今中國人口最為稠密的三個地區——北京附近地區，長江三角洲和珠江三角洲，都沒有吃辣的傳統，在一九九〇年代以前，這些地方的食物大多數也是不辣的。

全國人口的大流動徹底改變了中國飲食。從一九八〇年代開始，原本將人口束縛於土地之上的制度逐漸鬆綁，中國開始了急遽的城市化進程，從一九九五年到二〇一五年的二十年間，中國的人口結構從原來的農村人口居多，轉變為城鎮人口居多。這樣劇烈的人口流動，完全打破了中國傳統的飲食地域格局，中國成為了一個移民社會。

移民既沒有把自己原鄉的口味帶到城市裡去，也沒有皈依城中舊居民的口味。他們創造了一種新的飲食文化，我稱之為「城市移民飲食文化」。前文中提到的「滿盆辣椒」菜式，就是中國「城市移民飲食文化」的標誌，這種口味是由數以億計的移民大軍塑造的。他們共同的特徵是年輕、貧窮、喜歡刺激、非凡的忍耐力和一夜暴富的野心。廉價而刺激的辣味飲食成為了這一代城市新移民的標誌性食物，辣味飲食可以削弱冷鏈物流帶來的不良味道，大幅降低食品價格，同時也能消解城市裡日益滋生的煩悶情緒，共同吃辣可以造成疼痛共情，建立人際關係。在一個酒吧文化並不盛行的國家裡，一同吃辣是來自五湖四海的移民造就人際連結的最好手段。

隨著中國城市化進程日趨減緩，老齡化社會來臨。辣味作為一種年輕人偏好的口味，可能會在將來的中國逐漸減弱，不復以往強勁增長的勢頭。也許多年以後，當我們吃著帶有記憶味道的辣味食物的時候，會引起對過往的懷念——一個多麼蓬勃向上的時代，一個洋溢著朝氣和希望的中國。

台灣飲食發展脈絡與台灣歷史密不可分，台灣飲食的根基是早期渡台的閩南人和客家人移民種下的，至今來自閩客的飲食元素仍是台灣飲食的核心部分。到了日據時代，日本統治者在台灣推行「皇民化」，使得台灣的社會上層開始主動學習日本生活方式，由此日本飲食的一些片段進入台灣。國民政府遷台以後，外省籍來台人士把各自原鄉的飲食帶到台灣，但由於缺乏必要的物產和人文基礎，這些外省飲食很多都主動或被動地進行了本地化改造。台灣在一九八〇年代的經濟起飛後，經濟發展帶來頻繁的人口流動，閩南、客家、日本、外省的飲食元素開始在這片土地上發生大範圍的融合和嬗變，由此真正形成了具有獨特雜糅風格的台灣菜。經濟高速發展時期，台灣開始出現都會圈，飲食的市場化和工業化也帶來飲食風格的轉變，原本較清淡的台灣菜，出現了一些濃厚重味的品類，麻辣鍋、辣油等辣味元素受到追捧。由此可見，經濟發展，食品工業化和人口流動帶來的飲食文化改變，無論在哪裡發生，都有著相似的發展脈絡和結果。

本書主要應用了包括歷史學、人類學、社會學在內的綜合社會科學方法來討論辣椒在中國四百餘年的經歷，主要依據三條理論線索來探討辣椒在中國飲食中的諸多問題：第一條是辣椒傳播的歷史路徑和食用辣椒的原因，這條線索的分析主要在文化唯物論的語境下，大致對應第一章；第二條線索是辣椒在中國文化中的隱喻，這條線索的分析主要在結構主義的語境下，大致對應第二章；第三條線索是辣椒在中國飲食中的階級地位變遷，這條線索的分析主要是在飲食的政治經濟學的解釋語境下，大致對應第三章。每一章節的內容，基本上按照歷史時間線索和論證的邏輯線索排序，因此讀者按順序讀完，能夠對辣椒在中國的歷史有一個系統的了解。不過如果有讀者喜歡挑其中的某些章節來讀，本書每節的內容相對完整且獨立，因此也是完全可以明白的。

第一章

中國食辣的起源

第一節　辣椒何時進入中國

辣椒原產美洲，大約在十六世紀下半葉進入中國，即明隆慶—萬曆年間。辣椒進入中國後長期作為觀賞植物栽培，直到康熙年間才開始逐漸進入中國飲食。

哥倫布發現新大陸是辣椒得以從美洲傳播到全世界的契機，眾所周知，哥倫布航行的目標就是希望從歐洲向西航行到達印度，並獲得印度的香料。當哥倫布和他的船員們第一次踏上西印度群島時，他們就注意到了辣椒，雖然明知這種新發現的香料和已知的胡椒很不一樣，他們仍然固執地將它稱為胡椒，這就是歐洲語言中普遍將辣椒稱為「pepper」的來源。一四九三年哥倫布第二次前往美洲時，船醫迪亞哥·阿爾瓦雷斯·昌卡（Diego Álvarez Chanca）首次將辣椒帶回西班牙，並且在一四九四年首次記錄了辣椒的藥用特性。[1]

辣椒在亞洲的傳播與葡萄牙人的關係更為密切，十五世紀到十六世紀時前往美洲的大多數船隻，無論是西班牙船隻還是葡萄牙船隻，都常在里斯本停泊補給，因此葡萄牙幾乎與西班牙同時獲得了來自美洲的辣椒。由於教皇子午線的分割，葡萄牙船隻更多地往東方航行，因此亞洲的辣椒多由葡萄牙人帶來。在一五〇〇年前後，南亞次大陸上就已經出現了辣椒，主要分布在葡萄牙占據的印度果亞殖民地一帶。

中國最早有關辣椒的文獻記載是明高濂所著《遵生八箋》[2]中《燕閒清賞箋·四時花紀》篇的一行文字「番椒叢生，白花，果儼似禿筆頭，味辣色紅，甚可觀」。[3]高濂是杭州人，生卒年不詳，大致生於嘉靖初年，歿於萬曆末年，一生多數時間居於杭州，曾短暫出仕，是一個高蹈飄逸的文士，對戲曲、詩文、書畫、園藝、飲食都有研究。清康熙年間的文獻《花鏡》[4]、《廣群芳譜》[5]等亦有收入辣椒，可見遲至康熙年間，中國人對辣椒的認知是一種觀賞植物，因此辣椒在傳入中國的最初一百年間

（大略為十七世紀）未入蔬譜，而是記載於花草譜。早期記載辣椒的三人中，有兩人是杭州人，一人是臨清人，可見當時杭州是明末清初辣椒傳播的一個重要貿易節點；臨清則是位於京杭大運河之畔的重要貿易中繼點。時至今日，中國辣椒栽培中的兩大品種之一即是杭椒，另一種是線椒。

在東亞三國之中，最早有文獻可考的辣椒輸入記載是關於日本的，耶穌會文獻中記載日本辣椒傳入是一五五二年由葡萄牙傳教士巴爾薩澤・加戈（Balthazar Gago）作

---

1 Joe Barth (2019), *Pepper: A Guide to the World's Favorite Spice*, Rowman & Littlefield, p.36.

2 刊於萬曆十九年（一五九一）。

3 高濂，《遵生八箋》之《燕閒清賞箋・四時花紀》，十九卷之十四，〔欽定四庫全書本〕。

4 刊於康熙二十七年（一六八八），作者陳淏子，字扶搖，自號西湖花隱翁，生於萬曆四十年（一六一二），明亡後歸隱於杭州近郊，致力園藝。

5 刊於康熙四十七年（一七〇八），《群芳譜》原作者王象晉，山東桓台人，原作並未收入辣椒。清康熙年間汪灝擴充為《廣群芳譜》，並收入《四庫全書總目》之譜錄類。汪灝字文漪，山東臨清人，辣椒條目由汪灝收入。

為禮物送給當時領有九州豐後國和肥後國的大名大友義鎮。[6]然後是中國，最遲是朝鮮。但是我們有理由相信中國人接觸到辣椒的時間要遠早於出現文字記載的時間。

葡萄牙人瓦斯科·達伽馬（Vasco da Gama）在一四九八年初到果亞，一五一〇年阿方索·德·阿爾布克爾克（Afonso de Albuquerque）攻占果亞舊城，建立起葡萄牙軍事據點，次年阿爾布克爾克從果亞前往馬六甲，經過與滿剌加蘇丹國的苦戰，征服了馬六甲城，開始了對馬六甲的殖民經營。早在葡萄牙人染指馬六甲以前，永樂皇帝的使臣鄭和就曾到過馬六甲，中國船隊的通事官費信在他的《星槎勝覽》中記錄當地人「身膚黑漆，間有白者，唐人種也」。[7]也就是說，在一四三三年以前已有華人在馬六甲居住，但不能確定是定居者還是客旅商人。廣州中山大學的陳志明教授曾對馬六甲的華人歷史做過系統的考察，[8]我們可以確定的是，十五世紀中國商人經常來往廣東、福建的主要港口和馬六甲之間，十六世紀時可以確定有中國定居者住在馬六甲，甚至有一位馬六甲蘇丹娶了一名中國女子。

哥倫布從新大陸帶回了大量具有很高經濟價值的作物，然而這些作物大多數是熱帶或亞熱帶作物，很難在氣候條件不同的歐洲種植，因此西班牙和葡萄牙都在尋找適合種植這些作物的土地。西班牙人占據了大部分的美洲殖民地，葡萄牙人苦於沒有適合種植這些作物的土地，因此當阿爾布克爾克占領果亞時，就迫不及待地在果亞大量種植這些新大陸作物。[9]葡萄牙人給果亞的飲食帶來了辣椒、番茄、馬鈴薯、鳳梨、番石榴、腰果這些原產於美洲的食物，並且在十六世紀以前的果亞形成了具有葡萄牙風格的一系列菜式，這些食材和菜式很可能流傳到同屬葡萄牙果亞總督治下的馬六甲，而馬六甲的華人也很可能在十六世紀早期就已經接觸到了辣椒，但是沒有留下文字記載。由於這些華人頻繁往來華南的各個港口，所以我們也有理由相信中國廣東和

---

6 Henry J. Coleridge (1872), *The Life and Letters of St. Francis Xavier,* Volume 2, The Society of Jesus, p.262.

7 費信，《星槎勝覽》，四卷之一，明嘉靖《古今說海》，頁五。

8 陳志明、丁毓玲，〈馬六甲早期華人聚落的形成和涵化過程〉，《海交史研究》，二〇〇四年，第二期，頁一一一一、一一五。

9 Paul Freedman, Joyce E. Chaplin, and Ken Albala (2014), *Food in Time and Place: The American Historical Association Companion to Food History,* University of California Press, pp.75-76.

福建的港口早在十六世紀上半葉就已經認識了辣椒這種植物。但是當時的中國人並沒有重視這種植物，除了作為奇花異草來吸引目光，這種植物並沒有什麼大用途。

有趣的是，葡萄牙人在果亞種植辣椒是以食用為目的，而辣椒在其原產地中美洲也早就被當作調味料使用。但是中國商人們似乎並不了解這一點，在辣椒從葡萄牙人手上傳到中國人手上的過程中，物的本體傳過去了，但使用辣椒的資訊丟失了。這就好比一個中國人給了歐洲人一方硯台，卻沒有說明它的用途，這樣一來，硯台的使用資訊就丟失了，那個收到了硯台的歐洲人百思不得其解，只好把硯台當作一塊異域石頭充作擺設了。

除了由葡萄牙人的渠道傳入中國，辣椒還有可能由西班牙人通過呂宋國（菲律賓古國之一）作為中繼點傳入中國。十五世紀中期福建和浙江沿海與呂宋的貿易相當頻繁，而十六世紀侵入呂宋的西班牙人也已經在當地種植辣椒，因此辣椒藉此傳入寧波、泉州等港口的可能性也很大。

綜上所述，辣椒傳入中國不是一次性完成的過程，而是在十五、十六世紀持續的一個過程，辣椒進入中國不止一次，不止一地，並且還傳入了不同的品種。辣椒最早的中文文獻記載出現在浙江，而不是同樣較早接觸到辣椒的福建和廣東，是浙江文教比較發達的緣故。與西方的航海家和商人不同，中國明代的商人留下的文字資料很少，一方面是由於這些人文化水準不高，沒有記錄的習慣，另一方面文人善於資料整理和保存，而商人缺乏文字傳承的傳統。另外，在明末清初，尤其是南明與清在中國南方的拉鋸戰當中，必定損失了大量的文獻資料，由此導致高濂的記載成為僅存的線索。

辣椒最早的中國文獻記載出現在杭州也離不開當時江南文人的審美情趣。明代江南地區的文人世宦之家盛行「造園」的風氣，如董其昌、王世貞、錢謙益等人都擄有不止一處園林，王世貞還說「余市居之跡於喧也，山居之跡於寂也，惟園居在季孟間耳」。[10]當時江南的這些世家，不但擁有大量莊田，還有很多手工業作坊、商鋪等產

10 陳繼儒，《陳眉公集》，十七卷之九，明萬曆四十三年刻本，頁一一一。

業，甚至還投資海上貿易。他們經營自家園林時，不但要滿足自己的「雅趣」，還有相互爭競的意味。爭競的要點之一就在於奇花異草，能夠獲得一兩種別人沒有的特殊植物，自然是格外出眾的事情。顧起元說：「大紅繡球花，中國無此本。沈生予令晉江時，海舶自暹羅國攜至以遺生予。生予載還育之，數年遂萎。生予言：海舶所攜多外國奇卉，而此花為尤」。[11] 此處雖是介紹大紅繡球花的來歷，但亦可見江南園林種植域外花卉當不在少數。辣椒很有可能就是作為一種域外的奇花異草被引入江南園林中的，故而出現在高濂的《遵生八箋》中，高濂本身也是一位極高明的園藝家。

辣椒在美洲原是一種食物，但是以辣椒作為食物顯然在當時只是中美洲地區的「地方性知識」，[12] 當時的中國人並不了解這一點。當中國人接觸到辣椒這種外來作物時，首先注意到的是它作為觀賞植物的價值，因其「色紅，甚可觀」。隨著辣椒的物質特性逐漸被中國人所了解，辣椒開始陸續出現在「藥譜」中，也就是說明末清初的中國人是將其作為一種草藥加以利用的。但是仍以外用塗抹為主，僅有極少的文獻記載內服的情況，從這一方面來看，中國人對於食物仍是持有很謹慎的態度的，在不太明白辣椒的物質特性時，先積累足夠的使用經驗。辣椒的藥用價值被中國人發現了以後，開始在長江和珠江航道商路的沿線地區被少量地種植，因此我們可以看到辣椒陸續地出現在這些地方誌的「藥譜」中，但是種植的規模還非常小，使用的範圍也很有限。

從方志記載的情況也印證了辣椒傳入中國的起始地點不止一處，但不可能經由內陸的貿易路線傳入，所以辣椒一定是經由海洋貿易傳入東亞的，比較可能的傳入地點有四處，分別是廣州和寧波兩個口岸直接由海路輸入；台灣島在荷蘭侵占時期傳入，由於台灣在台語對辣椒的稱呼是「番薑仔」，與閩南地區相同，很有可能是先傳入台灣再傳回閩南故地的；遼寧辣椒的傳入與朝鮮的貿易有關，比較有可能是朝鮮經由海路獲得辣椒後，再通過與中國東北的貿易聯繫傳入遼寧。在這四處傳入點中，後二者

11 顧起元，《客座贅語》，十卷之一，花木篇，明萬曆年刻本，頁四三。

12 地方性知識的概念，詳見吳彤的論述，〈兩種「地方性知識」：兼評吉爾茲和勞斯的觀點〉，《自然辯證法研究》，二〇〇七年，第十一期，頁八七—九四。

的傳播影響力比較弱，由朝鮮半島傳入的辣椒幾乎只在中國鴨綠江和圖們江兩岸居住的朝鮮族中流行，對東北漢族和滿族聚居點的影響非常小，從可考的文獻來看，清中期以前的東北地區並沒有食辣的習慣。

乾隆十二年（一七四七）《重修台灣府志》記載「番薑，木本，種自荷蘭，開花白瓣，綠實尖長，熟時朱紅奪目，中有子，辛辣，番人帶殼啖之，內地名番椒」。13

這一段話裡有幾個重要資訊，其一是「種自荷蘭」，台灣的辣椒係由荷蘭人殖民時期傳入，即在一六四二年荷蘭始在台灣建設殖民地至一六六一年鄭成功驅逐荷蘭殖民者離開台灣之間，台灣已有辣椒；其二是「番人帶殼啖之」，這裡的「番人」應該是指台灣的原住民，即當時台灣土著已經從荷蘭人手上獲得了辣椒，因在當時文獻中，一般稱荷蘭人為「紅毛」，稱台灣土著則用「番人」，也就是說當時台灣原住民已經拿辣椒作為一種食物，而當時在大陸，辣椒食用的範圍還很小，尤其是在閩南一帶的漢人還沒有開始以辣椒作為食物；其三是「內地名番椒」，意味著當時閩、台一帶居民已經知道「番薑」和「番椒」其實是同一種植物，只是由於傳入路徑的不同而產生了不同的名字。由於台灣鄭氏東寧王朝與清朝之間的對立，閩、台之間存在長期的貿易阻礙，直到康熙二十三年（一六八四）清朝收復台灣，台灣才與大陸之間往來稍多，台灣「番薑」入閩大致始於這一時期，但閩南民系中將辣椒作為飲食材料使用的情況很少，也沒有進一步向其他地區傳播。因此番薑之名止於台灣和閩省沿海數縣。乾隆二十八年（一七六三）《泉州府志．藥屬》載「番椒，一名番薑，花白，實老而紅，味辣能治魚毒」，即當時閩南人仍將辣椒作為一種藥物使用，用來治療食用水產過多而發生的「魚毒」，而十六年以前的《重修台灣府志》早已說明辣椒是當時台灣島本土的食物了。從以上記載來看，台灣島的辣椒食用是一個單獨發生的過程，與大陸的情況不同，辣椒首先由荷蘭人帶入，而後在台灣本土居民中傳播並作為食物，赴台的閩南人發現了這一情況，並且極有可能習得了這種飲食習慣，因此台灣食用辣椒的歷

13 余文儀，《續修台灣府志》，十八卷。出自《中國哲學書電子化計畫》https://ctext.org/wiki.pl?if=gb&chapter=534773#p101。

程是一個單獨發生的歷史過程，然而在台灣與中國交流增多以後，兩種獨立發生的食用辣椒傳統交互影響，從而令人難以分辨各自具體的源流。

廣州和寧波是辣椒傳入中國的最重要的兩個港口，辣椒傳入中國之後的傳播路徑非常複雜，但幾乎都可以追溯到這兩個港口，其中尤以寧波為重要。從寧波傳入內陸的辣椒，經由長江航道和運河航道向北、向西傳入華北和長江中游地區，包括安徽、江西、湖南、山東、江蘇、湖北、河南、河北等省份。從廣州傳入內陸的辣椒，經由珠江航道和南嶺貿易孔道向西、向北傳入廣西、湖南、貴州、雲南、四川等省份。長江中游的湖南、湖北、江西三省很有可能同時受到了廣州傳入的辣椒和寧波傳入的辣椒的影響，其中湖南省也是向西部的貴州、四川、雲南這幾個省份傳播的重要中繼點。中國東南沿海最先接觸到辣椒，而後是中國內河貿易網路的覆蓋區域，諸如長江沿岸的貿易城鎮、大運河沿岸的貿易城鎮、珠江沿岸的貿易城鎮。商路覆蓋不多的區域，對辣椒的記載也最晚。

綜合對方志以及相關史料的研究，可以基本確定辣椒進入中國內陸始於萬曆末期，與中國白銀貨幣化幾乎同期。辣椒進入中國的時代背景是來自美洲的白銀作為通用貨幣而進行的全球化貿易。同時也有隆慶開關這一重大歷史事件的推助。如果沒有大量的來自美洲的白銀加入全球貿易，那麼辣椒進入中國也許要晚一些，但即使沒有隆慶開關的政策因素，辣椒仍然會經海盜和走私等手段進入中國。

第二節　辣椒的名稱是怎麼來的

辣椒傳入中國以前，「椒」字一般指花椒，辣椒在借用中國傳統香辛料名稱的同時，也繼承了中國人對香辛料的各種想像和隱喻。

辣椒在中文中先後有多種名字，流傳較廣的分別有番椒、秦椒、海椒、辣茄、番薑、辣角、辣虎、辣子等等，流傳地域不一，時間先後也有別，我們先從辣椒兩字的解析開始。

現代漢語中，「辢」是「辣」的異體字。「辣」在《康熙字典》中被列為「辢」的俗字，辣與辢實際上互為異體字，辢是辣的本字，北宋以前的文本大多作辢。

「辢」字的出現應在東漢時期，此前的文獻中沒有此字，「辢」字始見於東漢末年的《通俗文》：「辛甚曰辢」。而後三國時期的文獻中亦有記載，《廣雅》中有「辢，辛也」。

《聲類》中有「江南曰辢，中國曰辛」。《聲類》的說法很有價值，辣似乎是江南的說法，有可能出自百越的語言之語音，華夏族轉記為辢字（但百越也是華夏族對南方諸民族的他稱，包含的族群差異性極大，具體族源不明），漢字中轉記其他民族語音的事例極多，如江河之「江」字即為一例，「江」字來自古百越之語音，故而南方之河流多稱為某「江」；[1] 又如稱呼兄長之「哥」很可能來自鮮卑語，取代「驛」而廣泛使用的「站」來自蒙古語；近代以來漢語的外來詞匯更是不勝枚舉了。中原的華夏族

傳抄古文字「辢」即辣的本字。

金文「辛」，蔡侯尊（春秋晚期）。

金文「辛」，司馬辛方鼎（商代晚期）。

本來只有「辛」字，甲骨文中即有辛字，原是象形字，是一種尖頭圓尾的刑刀，據考證是用於黥面的，引申義作痛極解，即辛是會使人流淚的痛覺。因此辛作為對刺激性感覺的形容，也是從它的引申義而來的。《周禮》有「以辛養筋」，《楚辭》有「辛甘行些」，可見先秦時期已經有以「辛」字形容味覺感受的用法。《楚辭》中的「辛甘行些」專指「椒、薑」二物，可見先秦時期華夏族所認識的有辛味的食物僅限於花椒和薑，兩者皆原產於中國（椒在秦嶺一帶出產，薑在江淮一帶出產）。秦漢時期才陸續有蒜、蔥、胡椒等物進入中國。《說文》中有「辛痛即泣出」，有刺激性味道的食物都可以稱為辛，而辣則是辛得厲害。凡是薑、胡椒、蔥、蒜、韭等物的刺激性味

---

1 此處從梅祖麟之說（Jerry Norman, and Tsu-lin Mei [1976], "The Austroasiatics in Ancient South China: Some Lexical Evidence," *Monumenta Seric* 32: 274-301.），張洪明對此有不同意見（張洪明、顏洽茂、鄧風平，〈漢語（江）詞源考〉，《浙江大學學報》（人文社會科學版），二〇〇五年，三十五卷第一期，頁七二—八一）。語言學界對於古漢語外來詞匯的討論很多，形成的意見也很不一致。

道都可以稱為辛，辣椒含有的刺激元素則遠超前數者，用「辣」名之可謂貼切。

「椒」在《康熙字典》中的記載如下：

《說文》菉也。《爾雅・釋木》椒樧醜菉。《注》菉萸子聚生成房貌。《疏》椒者，樧之類，實皆有菉匯自裹。《詩・唐風》椒聊之實，蕃衍盈升。《陸疏》聊，語助也。椒樹似茱萸，有針刺，葉堅而滑澤，蜀人作茶，吳人作茗。今成皋山中有椒，謂之竹葉椒。東海諸島亦有椒樹，子長而不圓，味似橘皮，島上獐、鹿食此，肉作椒橘香。

又《漢官儀》皇后以椒塗壁，稱椒房，取其溫也。《桓子・新論》董賢女弟為昭儀，居舍號椒風。

又《荀子・禮論》椒蘭芬苾，所以養鼻也。

在辣椒進入中國以前，椒字一般指芸香科花椒屬的幾種植物，從《說文》的記載來看，當今「椒」字的古字有兩個——「椒」、「茮」，「椒」指整株植物，「茮」專指其果實，即今謂「花椒」者。「椒」的共同特點是均為喬木，枝幹有刺，果實有辛辣味。而辣椒則是草本植物，成株狀態為灌木。上古文獻中喬木與灌木的區分明顯，喬木用木字旁，灌木用草字頭。中國傳統意義上的「椒」與辣椒在植物形態下的差異極大，很容易區分。辣椒傳入中國後被命名為「椒」，與花椒、胡椒等並稱，是因其辛辣故。中國古代文獻中用單字「椒」者一般指花椒，不應理解為辣椒。現代漢語中，花椒、胡椒、辣椒，只有花椒是指原來的「椒」，其餘二者都是外來辛味植物借用了「椒」的名字。

除了辣椒，其餘的中文名稱也很有意思。

番椒（亦作蕃椒）是辣椒一詞普及以前最廣泛使用的辣椒的通名，清中期以前的文獻一般都用番椒之名，可見辣椒在進入中國的最初一百年，其外來植物的特徵很突出，因此強調「番」。而後辣椒逐漸進入中國飲食，其食用的味覺特徵日益為人所熟知，因此漸漸改稱辣椒，這個過程也是辣椒這種食物本土化的過程。

海椒是辣椒在西南地區普遍的叫法，「海」字明確指出了辣椒來自海外，與「番」字的意義差不多。由於西南地區離海很遠，因此「海」字也提示了辣椒是從東南沿海地區傳來的，這一名稱也暗示了辣椒在中國的傳播路徑，即先到達沿海，再逐漸傳入內陸。

秦椒是清代辣椒在中原地區普遍的叫法，秦椒原指產自秦地的花椒，《本草綱目》稱「秦椒，花椒也，始產於秦」。戰國時代，秦椒和蜀椒是秦國的重要貿易品，秦國與山東六國相比，物產居於劣勢，花椒貿易在很大程度上緩解了秦國對六國貿易的逆差。

雍正年間的《陝西通志》記載「俗呼番椒為秦椒」。可見秦椒原指花椒，但到了雍正年間民間已經把秦椒的稱呼轉指辣椒了。究其原因，陝西地區的農業在明末戰亂中遭到了極大的破壞，在明末清初的這段時間裡，「秦椒」之名已是一個歷史名詞。辣椒傳入四川以後，迅速地在蜀中各地流行起來，向北擴散到了漢中，進而突破秦嶺的阻隔在關中地區廣泛栽培起來，自此陝西始有辣椒栽培的記錄。辣椒在華東和華中地區的傳播遠不如在西部山區的傳播來得快，因此華北平原地帶的辣椒多自關中傳入，而已作古百年的「秦椒」之名也得以借辣椒而還魂，重新在北方地區流行起來。

番薑之名僅在台灣通用，依閩南語音應記為「番薑仔」，這是辣椒名稱中唯一挪用「薑」字的例子，應與台灣不出產花椒而盛產薑有關係。

辣茄、辣角、辣子、辣虎等名都是辣椒的別稱，這幾個名字隱含的意義並不豐富，因此不多作解釋。以下再談談辣椒在東亞其他國家的命名情況。

辣椒在日語中為「唐辛子」（平假名直寫とうがらし），亦作唐芥子、番椒。鎌倉時代末期和德川時代早期九州地方叫「南蠻胡椒」。近代以前，日本經常用「唐」字來稱呼外來物品，蓋因日本所接受之外來物以中國傳來最多，但不能因為有「唐」字就斷定此物來自中國，辣椒傳入日本就是由葡萄牙人直接輸入的。日本文獻中首次記載辣椒傳入是一五五二年由葡萄牙傳教士巴爾薩澤・加戈作為禮物送給當時領有九州豐後國和肥後國的大名大友義鎮，辣椒從九州進入日本應無疑問。早期稱謂中的「南蠻胡椒」則明指其來自西方，當時日本人稱呼歐洲人為「南蠻」，因其由日本列島南方海面來之故。

朝鮮語中為고추（Gochu），漢字寫作「苦椒」。在朝鮮半島，辣椒也有很多別名，如蠻椒、南蠻椒、番椒、倭椒、辣茄、唐椒等等，其語源與中文類似。辣椒在朝鮮半島的首次文字記載出現在一六一四年編成的《芝峰類說》中，記載如下：南蠻椒有大毒，因傳自日本而稱倭芥子。

這裡明確指出了朝鮮的辣椒係由日本傳入，且朝鮮人認為辣椒有毒，因此在很長一段時間內，朝鮮半島上的飲食中辣椒並不常見，直到一七一五年朝鮮農學者洪萬選著作的《山林經濟》問世，書中才首次出現辣椒栽培法。此後，一七六六年的《增補山林經濟》中出現「朝鮮泡菜是用辣椒、大蒜製成的醃菜」的記載，這大概是朝鮮泡菜的最初文獻史料。

歐洲語言中也有類似的問題，辣椒在英語中常被稱為Chili Pepper，Chili有時也寫作Chili或Chile，或Hot Pepper，拉丁常用名Chile，拉丁屬名Capsicum（一七五三年定名），辣椒粉為Paprika，德語中辣椒與辣椒粉均為Paprika。西班牙語中辣椒一般寫作 Chile，偶爾作 Pimiento，胡椒則為 Pimienta，葡萄牙語寫作 Pimentão，法語辣椒名為 Piment。

首先，Chile（西班牙語、拉丁語）、Chilli（英語）、Chili（英語）的名稱皆來自中美洲的納瓦特爾語（Nahuatl），出自猶他—阿茲特克語族，是原產地語言對辣椒的原稱，被歐洲語言借用。

Pepper（英語）、Pimiento（西班牙語）、Paprika（德語、匈牙利語、斯拉夫語族）借用了胡椒的名字，在辣椒傳入歐洲以前，歐洲能夠大量獲得的辛辣味調味料僅有胡椒，是因其有辛辣味而定名。其中西班牙語的 Pimiento（辣椒）是從 Pimienta（胡椒）變形而來，詞尾變形以作區分，而法語的 Piment（辣椒）則從西班牙語借用，正好與法語的 Poivre（胡椒）區分。胡椒的拉丁語寫作 Piper，希臘語寫作 Piperi，斯拉夫語族的胡椒詞彙皆從希臘語源，拉丁字母寫法作 Peperke、Piperke 或作 Paparka，其中匈牙利語作 Paprika（胡椒、辣椒同詞）。辣椒傳入歐洲係由十五世紀西班牙人自美洲貿易而來，而彼時德意志民族地區以及東歐地區貿易並不發達，地中海貿易在當時居主要地位。

鄂圖曼帝國與辣椒在歐洲和黎凡特地區的傳播有密切的關係，西班牙和葡萄牙向西開拓新航路的重要動因之一就是鄂圖曼帝國壟斷了東方的航路，但當葡萄牙成功繞過非洲的好望角來到印度洋時，鄂圖曼帝國可謂後院起火，貿易霸主地位岌岌可危。尤其是當葡萄牙在印度洋貿易中占據優勢以後，數次封鎖波斯灣和紅海到印度的航線，嚴重威脅到鄂圖曼帝國的胡椒貿易航線，導致鄂圖曼帝國在十六世紀上半葉胡椒的輸入量驟減。[2]鄂圖曼帝國不得不採用新的香辛料貿易品來維持他們在東地中海的貿易規模，這時候，辣椒開始進入鄂圖曼帝國的視野。鄂圖曼帝國最早在阿勒坡附近種植辣椒，結果大受歡迎，於是辣椒開始迅速地在東地中海一帶傳播，一直擴散到鄂圖曼帝國控制下的巴爾幹半島至匈牙利一帶。辣椒在當地的使用方法是乾燥後磨成粉末作調味用，這種調味料以布達佩斯為原點傳至中歐諸地。因此匈牙利語 Paprika 成為這種辣椒粉的通用名稱，從而在中歐、東歐、巴爾幹流傳，故而德語和斯拉夫語族多數語言直接用匈牙利語的 Paprika 一詞稱呼辣椒，並不加以變形，正好與各語言中原有的胡椒一詞區分。

拉丁屬名 Capsicum 僅用於學術領域，日常的歐洲語言並不採用這一稱呼，屬名中前半部來自 Capsa，源自希臘語 Kapto，意為「噎」，後半部 cum 則是「屬」的意思。

辣椒在東亞和歐洲都不約而同地採用了兩地已知的辛辣調味料借名，在東亞則是原專稱花椒的「椒」，在歐洲則是原專稱胡椒的「Pepper」。由此可見轉借的方法是各文明所常有的對新發現物的命名方式。轉借的依據則是辣椒和胡椒所共同具備的辛辣特徵，辣椒和胡椒、花椒等植物的植株形態有很大的差異，因此這種轉借命名並不依據植物形態的共同特徵，在辛辣特徵的轉借命名原則背後，則是對其歸屬和類比的分類方式，因此辣椒也繼承了數千年來歐亞大陸各文明對辛辣調味品的各種想像和隱喻。

2 桑賈伊・蘇拉馬尼亞姆著，巫懷宇譯，《葡萄牙帝國在亞洲》（1500-1700）（第二版），廣西師範大學出版社，二〇一八年，頁一〇六—一〇八。

第三節　中國人真的能吃辣嗎？

許多中國人都對自己的吃辣能力頗為自豪，俗語說「湖南人不怕辣，貴州人辣不怕，四川人怕不辣」。在許多北美、西歐人的印象中，辣味也是中餐的標誌性味道之一，中國人真的很能吃辣嗎？

要討論這個問題，我們先要把辣椒分為兩大類，即主要用於蔬食的菜椒和主要用於調味的辣椒。根據中國農業部發布的資料，中國的辣椒產量世界第一，然而根據聯合國糧農組織的資料，中國的辣椒產量排名世界第二，遠少於印度，為什麼會有這樣的差異呢？

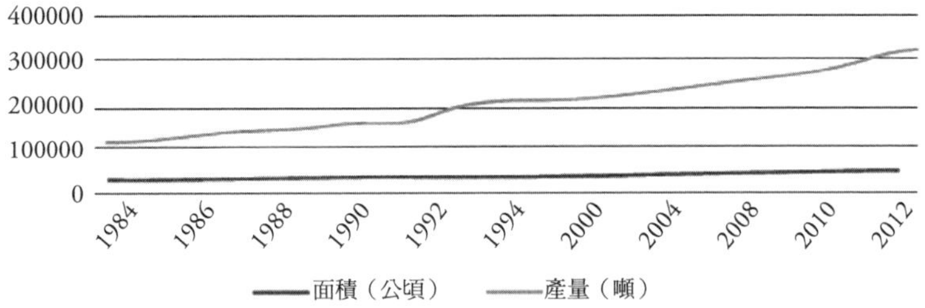

1984 ～ 2014 年中國（大陸地區）歷年乾辣椒產量與種植面積

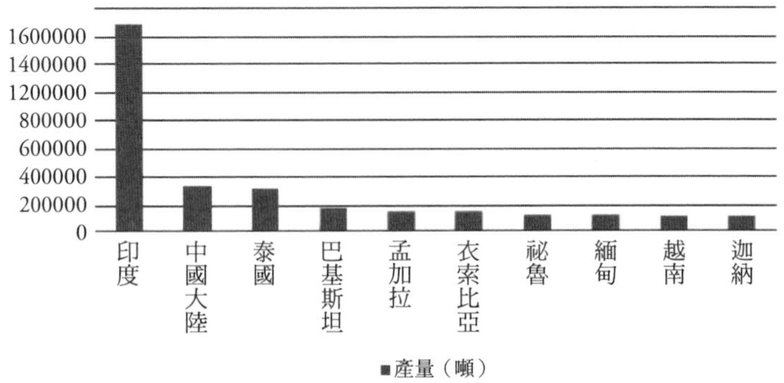

2014 年全球乾辣椒產量前十國家

兩圖數據來自聯合國糧農組織，FAO STAT，http://www.fao.org/statistics/en/。

原來中國與聯合國辣椒統計的口徑是不同的，中國農業部對於辣椒的定義是茄科辣椒屬（Capsicum, Solanaceae）的所有植物，因此在統計上包涵了並不含辣椒素的甜椒等產品，而聯合國的辣椒統計則是以含有辣椒素（Capsaicin）的辣椒屬植物計入，因此統計的數值有很大的區別。以中國為例，農業部的資料顯示二〇一五年中國辣椒產量世界第一，但其中百分之九十為不含或者含有很少辣椒素的蔬食品種。聯合國糧農組織的分類則是將蔬食辣椒與乾辣椒分開，因鮮食辣椒一般作為蔬食的一種，乾辣椒則屬於調味料，更能體現生產辣味調味料的情況，這種分類方式能更合理地表示生產的有辣味辣椒的數值。本書的討論對象是作為調味品的辣椒，因此作為蔬食的辣椒不在討論之列。

二〇一四年中國乾辣椒產量三十萬六千八百七十一噸，種植面積四萬五千四百四十二公頃，與一九八四年的十三萬五千噸，種植面積兩萬五千五百公頃相比，種植面積增加了約兩萬公頃，而產量則增加了約十七萬噸，可以看到單位產值的顯著提高。二〇一四年全球乾辣椒產量三百八十一萬八千七百六十八噸，種植面積一百六十八萬八千零八十二公頃，中國的產量只占百分之八左右，種植面積則僅占百分之二點七。這主要是由於中國與乾辣椒生產的第一大國印度相比，有很高的單位產值；當然，中國單位面積上所使用的化肥和殺蟲劑也遠遠高於印度。

考慮到出口和進口的情況，中國二〇一四年出口乾辣椒大約兩萬噸，進口乾辣椒兩千噸（從印度進口的高辣度品種）左右，那麼中國國內消費的乾辣椒則為二十八萬八千六百七十一噸左右。中國國內的吃辣人口約有五億人，約占中國總人口的百分之四十左右，那麼吃辣人口的乾辣椒年均消費量僅為五百八十克，若以十三點七五億人口計，則人均消費量僅有兩百一十克左右。以辣椒調味的情況來看，其實中國是一個吃辣比較普遍，吃辣人口上升較快，卻總體而言並不能吃得很辣的國家，印度、墨西哥、東南亞國家在吃辣的烈度上都大大超過中國，除去出口的數額，其中印度年人均乾辣椒消費量約為八百克，墨西哥約為五百二十克，泰國約為七百克。因此中國人中吃辣的那部分人口，從宏觀來說吃辣程度不如印度、斯里蘭卡等南亞國家，也比東南亞的泰國、緬甸、越南稍弱，大致與拉丁美洲國家的吃辣程度相當。

辣椒屬植物下有五大常見的栽培品種，分別是一年生辣椒（Capsicum annuum）、灌木狀辣椒（Capsicum frutesces）、漿果辣椒（Capsicum baccatum）、茸毛辣椒（Capsicum pubescens）、中華辣椒（Capsicum chinense）。中華辣椒在一七七六年被荷蘭醫師雅坎（N. von Jacquin）在加勒比海地區發現，他誤認為這種辣椒來自中國，故而將其命名為中華辣椒。[1]這五大品種中，以一年生辣椒最為常見，中國的杭椒、線椒、朝天椒都屬於這一品種，幾乎沒有辣味的甜椒也屬於這一品種。海南黃燈籠辣椒屬於中華辣椒種，世界上最辣的辣椒，包括娜迦毒蛇、哈瓦那辣椒、印度鬼椒都屬於這一品種。其餘的三種在中國很少栽培。

中國農業部計算辣椒產量時，一般將蔬食辣椒和作為調味料的辣椒合併計算，這樣的計算方式造成了一些誤解，蔬食辣椒中的一些品類是完全沒有辣味的，如圓

1 丁潔在她的《蔬菜圖說：辣椒的故事》一書中將「中華辣椒」改稱為「黃燈籠辣椒」，因為著名的海南黃燈籠辣椒正屬於此種辣椒，詳見丁潔，《蔬菜圖說：辣椒的故事》，上海科學技術出版社，二〇一八年，頁五四—五五。

椒、彩椒，即使是有辣味的蔬食辣椒，其辣度亦遠不如作為調味料的辣椒。不排除在中國飲食中一些蔬食辣椒在菜肴中有鮮品調味料的作用，但為了研究區分的方便和定義的準確，本研究中將蔬食辣椒與作為調味料的辣椒原材料區別看待。辣椒作為調味料主要有以下幾種形態，從加工的簡單到複雜依次是乾辣椒、辣椒粉、辣椒醬。辣椒的辣素是辣椒素（Capsaicin），且只在茄科植物辣椒中有；蒜、蔥、韭的辣素是蒜辣素（Allicin），分子式是不一樣的，但是作用於人體的受體是一樣的，因此吃起來都有相近的刺激感。薑的辣素成分很複雜，不單純是觸覺，花椒的麻的感覺也是一種觸覺，來自於花椒 α 麻素（Hydroxy α -Sanshool），受體相同，但是產生的是五十赫茲的震顫，因此有麻的感覺。蒜辣素受熱容易分解，因此蒜和蔥燒熟了就不辣了，辣椒素很穩定，因此熟了仍然很辣，這種特性就使得辣椒非常適於習慣將食材與調味料一同烹煮的中餐。

中國不同地區吃辣的程度差異很大，西南地區的飲食辣味極重，北方地區微辣，而東南地區幾乎完全不辣。對於中國不同地區吃辣顯著差異，重慶西南大學的藍勇教授提出了兩種解釋：其一是自然因素，即長江中上游地區冬季冷濕、日照少、霧氣大，辛辣調味品有祛濕抗寒的功能，因此這一地區流行重辣；北方地區寒冷但乾燥，日照時間較長，因此屬於微辣區；東南沿海比較溫暖，冬季雖然潮濕但是日照仍然充足，所以淡食。其二是社會因素，主要是移民的原因，有吃辣食俗的移民遷入後會影響當地的飲食風格。[2]藍勇的論點中最有價值，也是引起爭議最多的是日照時間與辛辣度聯繫的觀點。

筆者認為藍勇的日照說並不能解釋這一問題，以全球視野來看，印度、墨西哥、東南亞這些日常食用辣椒比較多的地區，並非日照較少的地區，反而是陽光充沛、氣溫很高的地區。而北歐、加拿大這些日照不足、氣溫很低的地區，食用辣椒較少。因此日照說並不足以解釋這一問題。

---

2 藍勇，〈中國飲食辛辣口味的地理分布及其成因研究〉，《人文地理》，二〇〇一年，第五期，頁八四—八八。

但藍勇的研究也有其價值，如果我們把對辣味的文化隱喻加入考慮，那麼是否由於中醫將驅寒、祛濕的文化想像賦予了辣椒，從而影響了辣椒在中國飲食文化中的地理分布呢？因此本研究有必要探討辣椒在中國的文化隱喻。辣椒被賦予的文化想像不僅僅來自中醫，還有來自中國性文化的賦意。同時，我們還有必要以文化比較的方法來考查辣椒，在其他文化當中，辣椒是否被賦予了相似的文化想像，抑或是完全不同的文化想像？來自不同文化對辣椒的想像，是否有互相借鑒的情況？即伴隨著西方文化在二十世紀的全球輸出，其他文化是否參考了西方文化對於辣椒的文化想像？

筆者曾在二〇一四年至二〇一五年間在美國加州訪學，因筆者善於烹飪，故友人時常邀筆者為宴會主廚，許多美國人驚訝於筆者準備的菜肴中並無辣椒，而使用了許多他們不知道的香料搭配，詳詢之，則當地人多認為有辣味是中國菜的特徵。這也許是因為辣味突出的表徵使得它能夠掩蓋其他的味道，使食客無法準確地感知其他調味料的存在。中國飲食是善於使用多種調味品的，從程度上說，當代某些地方（如西南和東北地區）的中國菜調味略重，但絕不僅僅是辣味，中國飲食漫長且不間斷的歷史，使得它的地域差異極大，口味也極為重疊繁複。中國飲食積累了近四千年來的嘗試，一些文明早期形成的飲食習慣仍有保留，如上古就已有的韭菹傳承至今成為華北還在廣泛使用的韭醬。在漫長的歷史中，不斷有外來食物加入中國飲食，歷史上有三個高峰時期：第一個是西漢鑿通西域，原產自中亞和西亞的胡椒、蒜、孜然、芝麻、小茴香都是這個時期進入中原的。第二個是盛唐時期，大量的產自印度和南洋的香辛料進入中原，有丁香、肉桂、豆蔻等數十種之多。第三個是明末清初，美洲原產作物進入中國，包括辣椒等茄科植物。可以說中國飲食是調味料的集大成者，歷史上用過的，至今仍然常用；海外引進的，一樣視同己出。而中國本土南北之距離也給予了種植這些調味料最好的環境，從熱帶到亞寒帶的植物都可以在中國種植。可以說中國飲食的特點是一菜多味，百菜千味。

第四節　辣不是味覺

辣是一種痛覺，比賽吃辣實際上是較量忍耐疼痛的能力，而誇耀這種能力實際上是通過展示忍受疼痛的能力從而證明自己在身體對抗上占優勢。

辣椒是以辛辣成為調味料的，但是我們常說的辣味其實並非一種味覺，而是一種痛覺，這就是為什麼人類身體沒有味蕾的部位仍然能感覺到「辣」。人的舌頭能夠感受到的味道只有酸甜苦鹹四種，人在攝食含有辣椒素的食物時，辣椒素通過啟動口腔和咽喉部位的痛覺受體，通過神經傳遞將信號送入中樞神經系統。通過神經反射，心率上升、呼吸加速、分泌體液，同時，大腦釋放腦內啡，使人產生愉悅感。

腦內啡是可與腦內嗎啡受體發生特異的結合反應而產生類似嗎啡作用的多種內胜肽類物質，有鎮痛和產生快感的效果。在人體受到傷痛刺激，或者遭遇危險（如缺氧）時，腦內就會釋放內腦內啡以對抗疼痛，並使人放鬆愉悅。

良性自虐機制（benign masochism）可以用於解釋人為什麼熱衷於吃辣椒，辣椒使人產生痛覺，從而欺騙大腦釋放腦內啡，但又不會使人處於實際的危險當中。這種機制與人熱衷於乘坐雲霄飛車，或是自由落體，或是長跑（缺氧），或是看恐怖電影的機制是相同的。都是欺騙大腦釋放腦內啡而產生愉悅感的行為，又並不處於真正的危險當中，因此稱為良性自虐。

辣椒還有止痛的功效，這一點很早就被中醫發現並利用，現在以辣椒素為主要有效成分的止痛貼片仍然廣泛使用。辣椒素止痛的原理正在於痛覺受體，辣椒素會持續刺激神經細胞釋放痛覺受體，導致細胞內此類物質耗竭，所以疼痛就得到了抑制。這種止痛方式不會成癮，但只適用於風濕痛、外傷痛之類的疼痛，對內臟、三叉神經的疼痛無效，這是因為表皮、肌肉、關節的神經纖維與內臟不同。辣椒主要用作外用藥品，貼劑、膏劑都很常見，治療局部的關節痛、跌打損傷效果很好。

人類吃辣的行為與飲酒的行為有類似之處，都是通過對自我的傷害來獲得同伴的信任的一種社交行為。學界對飲酒行為帶來信任的解釋是由於人類從血緣社會過渡到地緣社會時，遇見陌生人的概率大大提高，因此相互之間的交往要付出更高的「信任成本」，酒在這個時期作為一種昂貴的產品，勸酒就變成了一種犧牲自己的經濟利益來換取同伴的信任的行為。[1] 隨著工業化時代的來臨，酒的製造成本大幅下降，酒精度也大幅提升，相互之間勸酒就變成了一種身體上而不是利益上的「自傷」行為，共同喝酒這一行為也就隱喻著「我願意和你一起接受傷害」，由此而產生同伴之間的信任。吃辣的行為和信任關係產生的機制與喝酒類似，但是吃辣並不導致持續的傷害[2]，而只是產生臨時的痛覺，共同吃辣的行為也就隱喻著「我願意與你一同忍耐痛苦」，

1 王勇、李占紅，〈飲酒習俗如何建構信任網路：以青海省互助縣東河鄉尕寺加村的經驗觀察為切入點〉，《原生態民族文化學刊》，二〇一六年，八卷第三期，頁六六—七六。

2 這只是在一般情況下，有腸胃疾病的人吃辣可能會導致疾病的惡化。

這種同理造成了信任的產生。

吃辣的行為還有一種炫耀忍耐痛苦能力的意義，在這層意義上，刺青也有相似的作用。習武之人在比試以前往往向對方展示刺青，表達的是「我在忍受痛覺上要比你更勝一籌」。俗話說，未學打架先學挨打，能夠忍受痛苦顯然要在比武的時候獲得更大的優勢。吃辣也是一種忍受痛覺的能力，這也是一種可以經過鍛煉來培養的能力。一般來說，某人在長期吃辣以後，對辣造成的痛覺的忍耐能力會增強，也就是變得對痛覺較不敏感；反過來說，某人如果長期不吃辣，那麼對辣的忍耐能力則會下降。因此吃辣也有著向同伴們展示自己有著更強的忍痛能力，而在身體較量中更占優勢的意味。這就是為什麼我們總喜歡探討「哪裡人最能吃辣」這樣的問題，而不是去討論誰吃得更甜或者更鹹，正是因為吃辣的能力體現了忍受疼痛的能力，我們才會熱衷於作這樣的比較。

另外，觀察同類的吃辣行為也會使我們獲得滿足感，這一點和我們喜歡觀看暴力、恐怖場景有類似的心理機制。比如說在世界各地都經常發生的「吃辣椒比賽」以及前幾年在社交網路上風靡一時的「冰桶挑戰」，我們喜歡看別人忍受痛苦的場面，這可以歸因於心理學所稱的「陰暗人格」。我們無需避諱，每個人或多或少都有一些心理上的「陰暗面」，適度地滿足這種心理反而可以使我們更加健康地生活。社會學研究表明，觀看暴力場景的電影，玩暴力內容的遊戲，與人們在實際生活中的暴力行為有著負相關的聯繫。把吃辣這種行為，放在心理學的「施虐／受虐」的次元下進行考慮，那麼我們很容易發現痛苦與人類心理之間的普遍聯繫。

雖然辛辣並不是味覺，但由於人們長期習慣於稱呼辛辣的刺激感為「辣味」，本書中亦沿用這一習慣性表述，讀者們在閱讀本書時可以將「辣味」視為一個片語，表達的意思是「進食辛辣食物帶來的感官刺激」。英文中的 pungency 一詞用於形容辛辣食物的特質，與中文中「辣味」的意義相近，但沒有味覺的意思。這一表述通常只在學界使用，英語日常用語中形容辛辣食物特質常用 hot（熱的）或 spicy（富有香料味的）。常見的調味品中具有廣義上的辣味的不僅僅有辣椒，還有薑、胡椒等調味品，本書討論的對象是辣椒以及其作為調味料的辛辣特質，即來自辣椒的辛辣

（pungency）。

國際通用的辛辣測量指標，即史高維爾指數（Scoville heat scale），是對辣度的量化表達。這種測量方法是美國藥劑師威爾伯．史高維爾（Wilbur Scoville）於一九一二年發明的，具體方法是將一定重量的乾辣椒研成粉末，使其溶於酒精（辣椒素可溶於酒精），以固定濃度的糖水不斷稀釋辣椒的酒精溶液，直到五個經過特定訓練的受試者中至少有三個完全嚐不出辣味。如果所用的糖水重量與乾辣椒重量相等，那麼即為一百史高維爾單位（Scoville Heat Units，以下縮寫為ＳＨＵ），如果所用的糖水重量十倍於乾辣椒重量，那麼即為1000SHU。[3]史高維爾指數屬於主觀測試法，有可能因為受試者的敏感度不同而不能得出精確的結果。不過史高維爾指數雖然有主觀因素干擾，但其指數也相當可靠，與此後的完全客觀測量法所得出的結果相差極小，在飲食文化研究的語境下，這種細微的差距並不足以影響研究的有效性。

---

3 K. V. Peter (2012), *Handbook of Herbs and Spices*, Elsevier Science, p. 127.

中國常見辣椒及辣椒製品的辣度

史高維爾指數	辣椒及辣椒製品
444133	雲南德宏潞西「象鼻涮涮辣」（脫水乾燥）
170000	海南黃燈籠辣椒（脫水乾燥）
50000-100000	七星椒（脫水乾燥）
30000-48000	朝天椒、雞心椒（脫水乾燥）
12000-20000	海南黃燈籠辣椒醬
10000-20000	重慶石柱紅（脫水乾燥）
10000-18000	天鷹椒（脫水乾燥）
5000-10000	貴州燈籠椒（脫水乾燥）
5000-8000	四川二荊條（脫水乾燥）
4000-5000	老乾媽風味豆豉油辣椒
2500-5000	辣豆瓣醬、油潑辣子
2500-5000	塔巴斯科辣椒醬（普通版）
2000-3000	桂林辣椒醬
2000-2500	湖南剁辣椒
1000-2500	是拉差香甜辣椒醬
500-1500	紅油火鍋湯底
500-1000	羊角椒
200-800	杭椒
0-5	圓椒

一九八〇年開始，美國香料貿易協會採用了一種更為精確的測定辣椒素的方法，即高效液相色譜法。這種方法能夠完全排除主觀因素的干擾，從而得出更精確的辣椒素含量，這種測量方法得出的指數叫美國香料貿易協會辛辣指標（American Spice Trade Association Pungency Units），此指標的一單位約等於十六史高維爾單位，因此可以相互換算。但是這一方法較為複雜，測試的成本也比較高，國際範圍內並不普及，因此現在國際通用的測量方法仍是史高維爾指數。

從上表我們可以發現，大部分的脫水乾燥加工型辣椒辣度都在一萬單位以上，蔬食辣椒的辣度一般在一千五百單位以下。中國的辣椒調味品由於加入了鹽、油和其他成分，辣椒醬的辣度一般比脫水乾燥加工型辣椒略有下降，常見的辣椒醬一般在兩千至五千單位左右。

第五節　中國——辛香料大國

中國是個辛香料使用大國，當今中國飲食中常用的辛香料既有原產於華夏故地的本土原產品種，也有許多種類來自各個世代與世界其他地區的交流和貿易。

原產自中國的辛香料，至今常用的有薑[1]、花椒、蔥、韭菜這四種，基本上可以確定原產於華夏故地，有文獻記載的資料可以上溯到西周時期。不過即使是這四種辛

1 薑的簡體字「姜」合併了「姜」、「薑」二字，然而二字字源和意義完全不同，姜是古代氏族名，後作姓氏；薑是植物名，《本草綱目》引王安石《字說》：「薑能疆，禦百邪，故謂之薑。」

香料中的三種，即薑、花椒、蔥亦不一定被華夏先民認為是土產。

《史記・貨殖列傳》中有「千畦薑韭，此其人皆與千戶侯等」。可見當時薑韭是重要的經濟作物，薑的原產地很可能在江淮一帶，然而西周時期的江淮地方仍然被視為化外之地，其人被稱為淮夷，《詩經・魯頌・泮水》中有「明明魯侯……淮夷攸服」，可見淮夷的勢力範圍北面與魯國接壤。「薑」字從疆，疆本是田界的意思，引申義為領土邊界，薑很有可能來自當時華夏的邊界，同時又有「御濕之榮」，因此從疆。

花椒的原產地大致在秦嶺一帶，《詩經・周頌・載芟》中有：「有椒其馨，胡考之寧」，但是西周時期華夏先民的勢力還沒有深入到秦嶺山區，因此在那個時期花椒很可能也被華夏先民視為一種外來的物產。

蔥大約在春秋時期進入中國，《管子・戒》：「北伐山戎，出冬蔥與戎菽，布之天下。」所謂冬蔥就是現代大蔥的原始品種，而戎菽的字面意思就是戎族的大豆，據《爾雅・釋草》：「戎叔，謂之荏菽。」郭璞注：「即胡豆也。」山東人好吃蔥，山東是大蔥的主要產地，歷史可以追溯到春秋時期。

韭是三者中唯一可以確定為華夏先民土產的作物。「韭」字是個象形的獨體字，上面是兩片韭葉，下面的一橫代表地面。在漢字中，獨體字出現較早，是漢字造字系統的核心，因此凡是以獨體字命名的事物一般可以認為是華夏族早期就認識了的事物。韭在古代作調味料時一般以韭菹的形式出現，《周禮．天官》中有：「醢人，掌四豆之實，朝事之豆，其實韭菹……」這裡的豆是指古代盛副食的器皿，盛放韭菹的是一種小型有蓋碗形器，是用來放蘸食調味料的。韭菹是以醯醬醃漬之韭菜，醯醬是加了香料的醋。以韭菜製醬至今仍有，在華北很普遍。

茱萸曾經是中國人很重要的辣味來源，現在已經幾乎不用了，大概是因為它雖辛辣但有苦味。《本草綱目》載：「（食茱萸）味辛而苦，土人八月采，搗濾取汁，入石灰攪成，名曰艾油，亦曰辣米油。味辛辣，入食物中用。」《禮記．內則》中有「三牲用藙」，藙就是古代的辣油，《說文解字注》說用茱萸子實一升和十升動物油脂就可以做出「藙」，是用來蘸豬牛羊肉吃的佐料，跟今天的辣椒油的用法有異曲同工之妙。

外來的農作物進入中國有三波高潮，第一波是張騫鑿通西域時帶回了大量的外來物產，如胡荽（芫荽）、胡蒜（大蒜）、胡桃、胡麻（芝麻）、胡瓜（黃瓜）、苜蓿、葡萄等。第二波是唐代置安西都護府，外來物產經由唐帝國保護的絲綢之路來到中原，這一波引進的外來物種有菠菜、西瓜、茉莉花、胡椒、開心果、胡蘿蔔等，前兩波引進的外來物種大多帶有「胡」字。第三波是明代中後期，這個時期美洲大陸被發現，大量的農作物被歐洲人帶回歐亞大陸，中國也在航海大發現時代得到了這些物產，包括辣椒、番茄、茄子、馬鈴薯、番薯、鳳梨、玉蜀黍（玉米）、番豆（花生）、葵花、南瓜、腰果、豆角、菸草等原產於美洲的作物。這一波進入中國的外來農作物多帶有「番」字，而清代以後進入中國的外來作物多帶有洋字，如洋白菜、洋蔥、洋薊。農史學家石聲漢教授曾對域外引種作物名稱作過分析，認為凡是名稱前冠以「胡」字的植物，大多為西漢至西晉時由西北引入；冠以「番」字的植物，大多為南宋至明時由「番舶」引入；冠以「洋」字的植物，大多是清朝以降引入的。[2] 前兩個高潮是經由陸路，而後兩個高潮則是經由海路，這也與世界格局由陸權轉向海權密切關聯。前兩波外來農作物傳入中國以後，中國北方是最先接觸到這些外來作物的區域；而後兩波外來農作物傳入中國則以中國南方為傳播的起點，因此從這裡我們也可以看到中國經濟重心從關中、華北向江南、華南的轉移。宋代以來，中國大量地接觸到來自東南亞的辛香料，如丁香、豆蔻等，但是由於氣候的原因，一般只能作為外來的貿易品輸入中國而難以在中國本土栽培，從這裡我們也可以看出作物傳播過程中氣候的影響，以緯度方向傳播的作物得以迅速地在同緯度的異地扎根，而以經度方向傳播的作物則異常艱難。因此歷史上歐亞大陸東西方向的作物交流往往要比南北方向的作物交流更為常見，賈雷德．戴蒙德（Jared Diamond）在他的《槍炮、病菌與鋼鐵》中說：「糧食生產傳播速度差異的一個重大因素是大陸的軸線方向：歐亞大陸主要是東西向，而美洲和非洲則主要是南北向」。[3] 其實不僅僅是糧食作物，包括香辛料在

2 石聲漢，《石聲漢教授紀念集》，西北農學院文集編輯處，一九八八年。

3 賈雷德．戴蒙德（Jared Diamond）著，謝延光譯，《槍炮、病菌與鋼鐵》，上海譯文出版社，二〇〇六年，頁一七二。

內的經濟作物也很受氣候的局限，因此南北貿易的價值往往要大於東西貿易。

漢代是外來農作物大量進入中國的一個時期，辛香料中的芫荽、蒜都在這個時期引進。《本草綱目》中有：「張騫使西域始得種歸，故名胡荽。」芫荽原產於地中海地區，蒜原產於歐洲南部及中亞地區。因古時對西域稱「胡」，故芫荽原名胡荽，大蒜又名胡蒜。我們現在一般把蒜和芫荽的引進直接與張騫出使西域的歷史事件聯繫起來，然而筆者認為這些作物並不一定是張騫兩次出使時直接帶回，而是張騫鑿通西域以後，漢帝國向西擴展成功帶來的一個持續的歷史進程。張騫出使西域帶有強烈的政治目的，經濟目的只是次要的，而漢帝國置西域都護以後，能夠維持中國與西域的貿易路線的通暢和安全，才是作物交流的重要條件。漢代引進的作物大多引進自中亞地區，由於中亞地區本就有與地中海地區的貿易，因此一部分原產自地中海地區的作物也藉此進入中國。

唐代是另一個中國引進外來農作物品種的重要高潮，辛香料中的胡椒、肉桂、茴香在這個時期引進。胡椒、肉桂原產自印度，中國本土也有桂皮，品種與印度不同，一般在中藥中使用的桂皮是指中國桂皮，而在調味料中使用的肉桂則是指錫蘭肉桂；茴香起源於地中海地區。唐代作物引進的特點是比漢代進一步擴大了引進的地域範圍，延伸到了印度和地中海地區。唐代與印度貿易的通道有兩條，一條是從印度河流域向北進入蔥嶺地區，再折向東進入唐帝國；另一條是經海路過馬六甲海峽進入華南。此時的航海技術已經可以支援較長距離的航行，但是導航技術和造船技術尚不能支援遠洋航行，因此必須航行在貼近陸地的近海。

明中後期是來自美洲的作物大舉進入中國的時期，美洲作物的傳入對中國的農業生產和人民生活產生了極為深遠的影響，繼而影響了中國此後四百年的經濟和政治格局，可以說這一波的農作物傳入徹底改變了中國的歷史走向，因此美洲作物傳入的歷史怎麼強調也不為過，也是值得深入研究的，而學界在這方面的研究成果也很豐富，筆者在此簡要地敘述各家的觀點和論據。玉米、番薯、馬鈴薯這三種糧食作物在傳入中國以後，在乾旱地區以及不便灌溉的丘陵、山地等地區廣泛傳播，使得可利用的土地面積大幅增加，從而導致人口的激增。然而由於對土地的過度開發，也導致了嚴重的水土流失問題，造成環境惡化，導致自然災害頻發，饑荒又導致民變，從而嚴重影響了明清政權的穩定。同時，美洲糧食作物的引進也導致了中國農業的「內捲化」（involution）。美國人類學家克里弗德・紀爾茲（Chifford Geertz）提出的內捲化是指一種社會或文化模式在某一發展階段達到一種確定的形式後，便停滯不前或無法轉化為另一種高級模式的現象。[4]在中國，通過在有限的土地上投入大量的勞動力來獲得總產量增長的方式，即邊際效益遞減的方式，沒有發展的增長即「內捲化」。

美洲經濟作物的引進中比較重要的有菸草、花生、葵花、美洲棉這四種，菸草改變了中國清末以來的政府稅收，至今菸草稅仍是中國財政收入的大項。花生、葵花改變了中國油料作物的構成，進一步改變了中國飲食的口味。美洲棉的引進是近代中國社會經濟發展的重要動力，也引發了一系列的社會變遷和農業經營方式改變。美洲副食作物對中國影響比較大的主要有番茄、辣椒、南瓜。辣椒徹底改變了中國飲食的口味特徵，並且進一步影響了中國的族群認同、審美取向和符號象徵體系，本書的研究重點即在於此。同時這幾種作物也大大改善了中國夏季蔬菜「園枯」的情況，尤其是番茄成為了中國夏季重要的蔬菜品種，南瓜則成了南方農民度過災荒、緩解口糧壓力的不二之選。

中華文明有著開放和保守二元性特徵，一方面中華文明善於向其他文明學習，積極引進外來品種；另一方面中華文明也是保守的，對待外來事物持謹慎的態度，在經過比較長的時間了解外來事物的特性後才會有所保留地接受。這種矛盾的二元性恰恰是中華文明高度成熟的表現。假如一個文明過於開放地對待外來事物，一種結果是外來事物迅速進入這個文明的社會生活中，造成劇烈的結構性變化，導致這個文明的內部結構出現動蕩，原有的社會經濟結構無法在短時間內調適，從而導致文明的崩潰；另一種結果是這個文明全盤地接受外來事物以及其背後的社會經濟結構，從而導致完全地變成另一種文明。無論是完全崩潰還是全盤變成另一種文明，兩種結果都會導致這個文明的消亡。過於保守的文明完全拒絕外來事物，無法跟隨外部情況的變化而

4 Clifford Geertz (1963), *Agricultural Involution: The Process of Ecological Change in Indonesia*, University of California Press.

發展自身，從而被外來文明或者外部力量所消滅，這種特徵也會導致文明的消亡。[5]在殖民主義盛行的時代，我們可以看到亞非許多古老文明都在開放和保守之間艱難地選擇自己的道路，過於保守的往往亡於外部勢力；過於開放的往往迅速被殖民帝國所吞併，例如西非和東南亞的古王國。中華文明有著悠久的對外交流歷史，因此在引進外來事物時一方面是積極的，即外來事物往往能夠很快地進入中國，進行小範圍的試用。但是在利用和擴散外來事物方面又是保守的，外來事物往往需要很長的時間才能融入中國文化，且在融入的過程中，始終有強大的保守勢力警惕地對待外來事物隨時有可能出現的不利影響。這種開放與保守的二元性恰恰是中華文明得以長存於世的矛盾，以渡河來比喻，中華文明勇於邁出第一步入水，但是入水以後行進過程中非常謹慎。

5 沒有一種文明是完全保守或者完全開放的，只是在保守和開放之間調適的程度不同，而在不同的歷史狀況下，同一文明也會有不同的調適程度。一般來說，中華文明在力量對比中處於優勢的時候偏向於開放，而在力量對比中處於劣勢的時候偏向於保守。

第六節　辣椒進入中國飲食

辣椒傳入中國以後，最早出現文字記載的是在浙江，然而在中國人得到辣椒以後的相當長時間內，辣椒並未進入中國飲食，而是作為觀賞花卉在小範圍內栽培。辣椒是怎樣進入中國飲食的呢？中國人是在怎樣的歷史背景下重新發現了辣椒的食用價值？

辣椒在進入中國後很長一段時間裡並不被當時的國人當成一種食物，辣椒能夠作為食物的資訊在作物傳播的過程中也許是偶然失落了，也許是人為地被排除了。從現存的歷史資料，主要是方志和筆記中，我們可以發現一些辣椒進入中國飲食的歷史線索。

康熙六十年（一七二一）編成的《思州府志》記載「海椒，俗名辣火，土苗用以代鹽」。

這是辣椒最早用於食用的記載，在全國的方志中，只有康熙十年（一六七一）的浙江《山陰縣志》和康熙二十三年（一六八四）的湖南《邵陽縣志》中提及辣椒，且比貴州的《思州府志》要早，但是這兩處記載皆未言明辣椒可以食用，因此中國現存最早的食用辣椒記載，即是《思州府志》。這段記載中還提到兩個非常重要的資訊，一是辣椒的食用是「代鹽」的無奈之舉；二是食用辣椒是從土民和苗民中首先流行起來的。

康熙年間田雯《黔書》卷上：「當其（鹽）匱也。代之以狗椒。椒之性辛，辛以代鹹，只逛夫舌耳，非正味也」（此處「狗椒」即辣椒）。

這裡補充說明了辣椒食用的背景是缺乏食鹽。

乾隆年間《貴州通志·物產》載「海椒，俗名辣角，土苗用以代鹽」。

乾隆年間《黔南識略》載「海椒，俗名辣子，土人用以佐食」。乾隆年間的記載進一步證實了貴州是辣椒食用的起點。

貴州思州府最早出現「土苗以辣代鹽」的記載並非偶然，而是當地居民在反覆嘗試過多種代鹽之物後的無奈選擇。因此筆者認為辣椒廣泛地進入中國飲食，當始於貴州省。方志記載辣椒種植的時序也證實了這一點，貴州最早有辣椒的記載始於一七二一年（《思州府志》），在西南諸省中最早。而貴州東鄰湖南，方志中有辣椒的記載始於一六八四年（《邵陽縣志》），僅次於最早的浙江（一六七一年《山陰縣志》）。因此辣椒的傳入應該是浙江——湖南——貴州，貴州是傳播的重要節點，在貴州，辣椒完成了從外來新物種到融入中國飲食的調味副食的過程。

由此筆者猜測辣椒極有可能由浙江通過長江航道貿易輸入湖南，但湖南鄰近長江航道的東北部最初並沒有廣泛地食用辣椒，很有可能僅作觀賞作用。經過幾十年的緩慢傳播，辣椒從湖南東部地區逐漸傳入西部，其重要的貿易節點很有可能是常德，然後由常德向西經沅江貿易傳播入苗族土司地區，大約在今辰溪一帶，然後由此溯㵲水

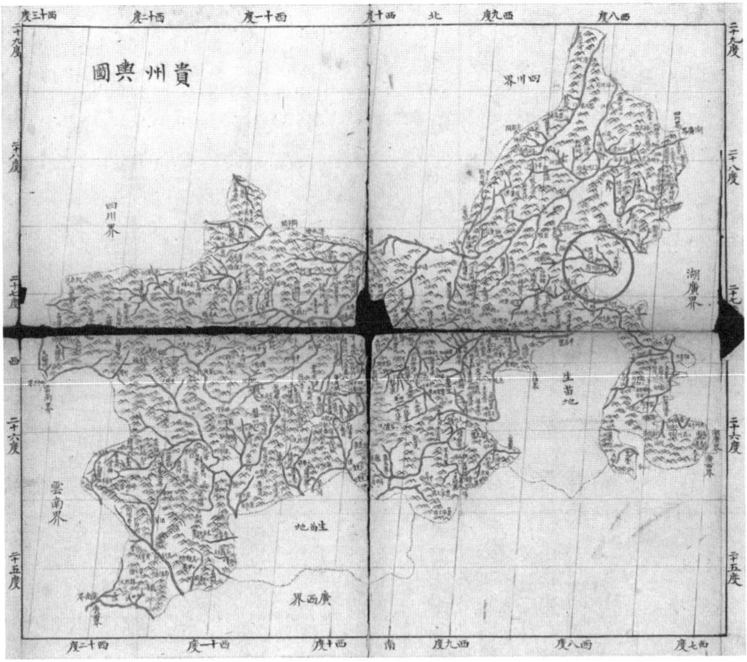

《康熙皇輿全覽圖》之《貴州全圖》，圖中圓圈處為思州府。此圖製於清康熙四十七年至五十七年（1708—1718），由雷孝思（1664—1738）、德瑪諾（1669—1744）、馮秉正（1703—1748）繪製，木刻墨印，藏於美國國會圖書館。

而上進入貴州，即思州府轄區。清康熙時期，思州府轄四長官司：都坪峩異溪蠻夷長官司、都素蠻夷長官司、施溪長官司、黃道溪長官司，此四長官司皆沿思州河（今稱龍江河）而設，轄區大約是今天的岑鞏縣西南和鎮遠縣東北，舊思州府治位於今岑鞏縣的思暘鎮，辣椒在這裡完成了從不可食之物到可食之物的重大轉變，並形成小範圍的吃辣風尚。

筆者曾在湘黔交界地區進行過田野調查，但並沒有實地考察的證據證明岑鞏縣附近是中國飲食中使用辣椒作為調味料最早的原點。當地吃辣的飲食習慣跟周邊地區相比並無特異，也許是經過近三百年來的融合和散播，食用辣椒的初地與周圍的飲食文化已不可分辨地融為一體了。唯一可以考察到實據的是沿㵲陽河的確有一條古代商路，直到近二十年來修通公路以前一直是本地最為重要的貿易通路，但此一帶山高灘險，貿易往來艱難且規模不大，沈從文所寫的《邊城》便是這一帶臨近湖南一側的貿易市鎮的面貌的反映。經由這些穿越崇山峻嶺和激流的山路，這股新的吃辣椒的風尚向東又傳回湖南，向西傳到渝州、入川，向南進入雲南。

辣椒在傳入中國之初並未作為食物，而是經歷先作為觀賞作物，然後作為藥物的歷程。辣椒在中國被用作食物最早的文獻記載出現在貴州省的方志中。中國各地方志中對辣椒的記載依次出現在貴州以及與貴州相鄰的省份，即辣椒出現在了各地方志的「物產志」中，到了二十世紀初，食用辣椒的習慣大致已經傳播到長江中上游多數地區，雲南、四川、湖南、湖北、江西這幾個省的農村地區幾乎全部食辣。

康熙年間，辣椒開始進入中國人的飲食之中，但是食用辣椒的地理範圍還很小，僅限於貴州東部和湘黔交界的山區，僅僅有幾個府、縣的範圍。從明萬曆末年（一五九〇年代）間到清康熙中葉（一六九〇年代），其間大約一百年的時間，是辣椒從外來植物轉換身份而成為中國飲食中的調味料的過程，轉換的動因很可能與黔省缺鹽、以他物代鹽的客觀情況有關。由於這一時期處於明清鼎革之際，戰爭和災荒造成了社會的極度不安定，因此這一時期有關辣椒的文獻資料保存下來的很少，很難找到連貫的歷史資料印證辣椒在中國傳播的路徑。這一時期辣椒在中國各地的名稱還很不穩定，也從一個側面說明辣椒尚未成為人們生活中常見的物產。番椒、辣虎、辣角、辣茄等異名逐漸統一於辣椒這個通名，反映出辣椒在中國人的生活中普及的歷史進程。不過，早期辣椒在中國的名稱不一致，也給這個領域的研究者們帶來不少困擾。

辣椒的各種名稱不完全整理如下：

辣椒在中國各地的不同名稱（不完全統計）

異名	時間	地點	出處
辣椒	萬曆二十六年	南直隸	《牡丹亭》：「辣椒花，把陰熱窄。」
	雍正十一年	廣西	《廣西通志》：「每食爛飯，辣椒為鹽。」
番椒	萬曆十九年	浙江	《遵生八箋》：「番椒，叢生白花。」
辣角	康熙十二年	直隸	《南皮縣志》：「野生落藜……辣角。」
海椒	康熙二十三年	湖南	《寶慶府志》：「海椒。」
	康熙六十一年	貴州	《思州府志》：「海椒，俗名辣火，土苗用以代鹽。」
	同治十三年	四川	《會理州志》：「海椒，《花鏡》番椒，一名海瘋藤，俗名辣茄，又名辣子。」

辣茄	康熙三十三年	浙江	《杭州府志》：「又有細長色純丹，可為盆几之玩者，名辣茄，不可食。」
辣虎	乾隆四年	浙江	《湖州府志》：「辣虎，一作火。」
秦椒	乾隆九年	陝西	《直隸商州志》：「番椒，俗呼番椒為秦椒，結角似牛角，生青熟紅，子白，味極辣。」

辣椒在清代中國的擴散有一個由緩慢而逐漸加速的過程，大致上康雍乾時期的擴散很緩慢，從嘉慶時期開始逐漸加速擴散，也就是說從十九世紀開始，辣椒在中國飲食中加速蔓延，到了二十世紀初，辣椒的食用範圍已經從貴州向北擴散到湖北西部；向東擴散到湖南、江西；向南擴散到廣西北部；向西擴散到渝州、四川、雲南。在二十世紀初，業已形成了一個以貴州為地理中心的「長江中上游重辣地區」。辣椒的擴散是伴隨著中國農業的「內捲化」進程的，人口的增殖使得缺地的農民的副食選擇越來越少，不得不將大量的土地用以種植高產的主食，辣椒作為一種用地少，對土地要求低，產量高的調味副食受到越來越多的小農青睞，這構成了辣椒在南方山區擴散

的主要原因。嘉道咸時期辣椒的名稱基本上已經固定，在川滇黔地區，多以「海椒」名之；在華北和西北，多以「秦椒」名之；在東南沿海諸省，多以「辣椒」名之；雖然這一時期的異名仍然很多，但基本上都能明確所指，這說明中國人對辣椒的認識已經完成了概念性界定，辣椒已經成為中國飲食的一部分。

辣椒在南方山區貧農中受到歡迎，這種情況也給辣椒打上「窮人的副食」的階級烙印，這種印記使得辣椒難登大雅之堂，即使在傳統食辣區域以內的大型城市和官紳富戶之家，食辣也並不普遍。直到一九一一年以後的接踵而至的一連串革命打碎了中國舊有的階級飲食格局，使飲食格局出現了碎片化的情況，這才使辣椒有了被社會各階層接受的前提條件。從一方面我們可以說飲食階級藩籬被打破了，從另一個方面我們可以說中國的階級格局本身也遭遇了重新洗牌。

中國飲食階級結構的碎片化給予了辣椒翻身的基礎，但辣椒真正在中國飲食中蔓延至全國範圍，還要等到一九七八年改革開放以後。從一九七八年至今，中國迅速的城市化進程使得數以億計的移民進入城市，移民們創造了覆蓋中國近半人口的「城市辣味飲食文化」，這種情況的出現有著多方面的原因，其中最重要的有二，其一是食品的商品化使得廉價的調味料大量充斥市場，而以辣椒為主要材料的重口味調味料能夠覆蓋品質不好的食材較差的口味，這樣就使得廉價的辣味菜肴得以在收入不高的移民中流行起來，這些剛剛進入城市的移民有著較多的外餐需求，在城市中根基未穩的移民也有著更多的社交需求，辣味菜肴和辣味餐館得以滿足移民的諸多需求，因此移民的出現是辣味盛行的主要原因。其二是舊有的飲食文化格局已經被打破，新興的城市市民階級無法直接仿效舊貴族的飲食文化，從而使得飲食的階級格局模糊而混亂，辣味菜肴得以打破舊有的成見而獲得廣泛的認可。其他原因包括中醫對辣椒的認知、辣椒含有的性暗示隱喻、辣味飲食烹飪方法易於為無技術移民所學習等等。

從人類學的角度來說，辣椒進入中國的四百年，正好可以被分成四個階段：第一個百年（一六〇〇－一七〇〇）是由「不可食」變成「可食」的階段，這是辣椒進入中國飲食的第一階段，中國人重新發現了「作為食物的辣椒」；第二個百年（一七〇〇－一八〇〇）是辣椒在地域飲食中緩慢擴散的階段，在這個階段中，更多的中國人接觸到了作為食物的辣椒，並且以自己的方式為辣椒命名，對其進行經驗性的概念總結，形成了中醫對辣椒的認知，並用類比隱喻的方法，使得辣椒借用了中國原有辛味調味料的經驗性概念；第三個百年（一八〇〇—一九〇〇）是辣椒在地域飲食中迅速擴散的時期，在這個階段中，中國人對辣椒的理解開始超越經驗性概念的範疇，進入了符號化概念階段，雖然這些概念往往早已有之，只不過轉借予辣椒罷了，這個階段也使得辣椒的地域版圖得以相對穩定，形成了現代中國人所認知的「傳統食辣區域」；第四個百年（一九〇〇—二〇〇〇）是辣椒在中國飲食中全面蔓延的階段，革命和移民賦予了辣椒新的、原生性的、符號化的概念，使之在中國政治經濟格局劇變的二十世紀中脫穎而出，成為了中國飲食中的重要一部分。

第七節　為什麼食用辣椒首先發生在貴州？

辣椒傳入中國以後，首先接觸到辣椒的東南沿海、較早接觸到辣椒的中部交通樞紐省份都沒有發現辣椒的食用價值，反而是偏處內陸一隅的貴州省最早出現了食用辣椒的記載，這背後的原因是什麼呢？

要知道辣椒是怎樣成為一種食物的，必須先認定辣椒在飲食中的地位，無疑辣椒是屬於副食的一種，而副食是邊緣化，可以增減的，體現口味偏好和階級差距的，辣椒體現的副食價值尤為突出。然而副食又可以被細分為兩種類型，一種是以攝取食物的營養價值為目的的，如肉類、甜食、蔬菜、水果之類，還有一種是以調味為目的而食用的，如泡菜、油製辣椒、醬油、豆豉、豆腐乳之類，特徵是味道極重，很難單獨食用，一般用以佐食主食。依據方志的記載，辣椒在中國西南地區普遍作為重要的調味副食，且辣椒在西南地區廣泛種植時間大多可以上溯到清中期（即嘉慶、道光、咸豐年間，一七九六—一八六一）。因此我們有必要解答：為什麼辣椒在這一時期可以成為重要的調味副食？

對中國主食和副食關係的歷史考查，離不開對糧食生產能力和中國農民生活水準的理解。以中國農民的生活實踐來看，田地的面積和產出、賦稅的多寡決定了農民的主食和副食比例。所幸歷史學家已經對中國歷代土地制度有豐富的研究成果，由於辣椒進入中國飲食發生在明清兩代，因此本書只參考了相關時期的歷史學研究成果。梁方仲先生的《中國歷代戶口、田地、田賦統計》中提到：從明代到清末，糧食的平均畝產是穩定而略有提高的，但是因為人均土地擁有量的不斷下降，尤其是嘉慶中期竟只有萬曆時的半數以下，從而造成農民人均糧食產量的不斷下降。如明萬曆時，平均畝產除本身食用，還可向社會提供四百五十八市斤[1]商品糧，而後乾隆時降至

明清各時期人口數和人均田畝數估算 *

年份	人口數（官方數據）	總耕地面積（畝）	人均耕地面積（畝）
1655 年（順治十二年）	14,033,900	387,756,657	27.63
1711 年（康熙五十年）	24,621,324	693,090,270	28.15
1734 年（雍正十二年）	27,355,462	890,146,733	32.54
1753 年（乾隆十八年）**	102,750,000	707,947,500	6.89
1766 年（乾隆三十一年）	208,095,796	740,821,033	3.56

* 從一七三四年到一七五三年，短短二十年時間，人口不可能增長近四倍，這其中的關鍵在於雍正年間至乾隆初年推行的「攤丁入畝」政策，由於將人頭稅併入土地稅，使得人民不需要為逃避徵稅而隱匿人口，導致官方統計時人口大幅增加。相對的，由於將各種稅賦歸入土地稅，導致田畝數出現了下降，但一般認為這種情況只是減去了原來虛報的田畝數，而更加接近真實的情況，因為田畝是難以隱匿的。總而言之，上表中一七五三年和一七六六年的數據可能更接近史實，而一六五五年、一七一一年、一七三四年的數據只能略作參考。

** 根據梁方仲先生《中國歷代戶口、田地、田賦統計》整理。

四百四十一市斤，嘉慶時只有一百二十一市斤，光緒時只有五十市斤了。以一家五口計，全年餘糧不過二百五十市斤，以清末平准價格計算折銀約三兩，應付婚喪嫁娶、生老病死，以及其他額外費用，顯然難以為繼，這就需盡量壓低口糧標準。

在人口激增，耕地面積並無太多增加的情況下，農民不得不盡量壓低口糧標準，這種情況體現在食物的組成上，顯然就會更加偏重於主食的生產。清末一般情況下認定每年人均口糧大約是三百五十市斤，即約兩百一十公斤。聯合國糧農組織一九七五年劃定的糧食安全標準人均消費量為四百公斤，而中國的人均糧食消費量一直低於這個標準，直到一九八四年才超過三百九十公斤，此後緩慢穩步提升。也正是在這一時期，中國政府才放棄「以糧為綱」[2]的政策，鼓勵多種副食農業發展。以筆者在中國南方田野調查的經驗來看，農民們的口述歷史中，一般也認為自二十世紀八〇年代中期以來，糧食短缺的問題才得到解決，此前則一直處於糧食短缺的情況，體現在飲食組成上則是大量地食用主食，副食種類極少，且調味副食居多。調查中常有農民說，以前一頓飯沒有油水，沒有肉，光是吃米飯，一頓吃半斤米都不飽；現在一頓飯有菜有肉，油水也多，吃米飯二三兩就飽了。從這段話裡我們可以看出中國農民對於飲食組成的基本認知——主食是中心，不可缺少，如果糧食不足就優先保證主食；副食是邊緣，如果有充足的糧食保證副食的供應，那麼副食的種類和質量提升則可以體現經濟地位的改善。

長期的糧食短缺，造成了中國飲食的獨特風格，即少肉食、多蔬菜、重調味的風格。眾所周知，在中國內地農業條件下，豢養家畜需要消耗大量的糧食，因此中國農民的肉食一直比較少。蔬菜占地不多，消耗的精力也有限，隨時可以採摘，顯然是副食的不二之選，因此蔬菜在中國飲食文化中有特別重要的地位，以至於原來專指「草

---

1 本節中所有「市斤」指清代之市斤，約當公制六百克左右，下不贅注。

2 以糧為綱是一九五八年以來中國政府的農業生產基本方針，直到八〇年代終止。其思想與中國古代法家的「耕戰」、儒家的「士農工商」劃分實出同源，都是在生產力不足的情況優先主糧生產的實踐總結。

之可食者」[3]的「菜」，成為副食的通稱。在粵語中，仍用「餸」表示下飯的副食，「菜」仍專指蔬菜。由於大量地食用主食，缺少副食，調味品就成為非常重要的飲食組成部分，因此中國飲食中素來有酸菜、豆腐乳、辣椒醬之類的重味調味食品作為副食的傳統。在一些貧困山區調查時，我們至今仍可以看到當地人以少量的鹹菜、辣椒之類的調味副食佐食大量的主食。在糧食不足的情況下，犧牲副食而保障主食的供應無疑是一種現實的辦法，而採用重味道的調味副食來佐餐，也就是漢語中常說的「下飯」，是一種廉價而實際的大量進食主食的辦法。

中國飲食中用以「下飯」的調味副食大致上可以分為三類，即酸味、鹹味和辣味，且可以相互搭配。在西方副食中最受歡迎的甜味在中國飲食中卻相對弱勢，甜味元素在飲食中的地位則是很值得探索的。根據聯合國糧食及農業組織二〇一八年的資料，[4]中國人均每年消費十四公斤左右的糖，與一九九〇年的七公斤相比已經翻倍，但與北美和歐洲人均每年消費四十公斤左右的平均值還有很大的差距。即使在東亞，日本和韓國的糖消費量（分別為人均每年十八公斤和三十二公斤）也遠遠高於中國，可見中國人之不嗜甜。甜味由於主要來自相對高價的糖，工業時代以前在平民的飲食中並不普及，而中國真正進入工業時代是近幾十年來的事情，因此甜味在中國飲食的傳統中並不突出，除了少數宮廷菜和官府菜用糖較多，糖在平民飲食中通常只出現在年節食品中。與較早進入工業時代的英國和美國飲食相比，中國飲食中甜味元素是較為薄弱的，體現在甜品的種類較少，軟飲料的種類也不多，糖果的種類和工藝都比較簡單，總的來說是缺乏食用糖的傳統飲食範例。正如西敏司（Sidney W. Mintz）在他的《甜與權力》中所言，英國人在一六五〇年以前甜味的來源主要是蜂蜜和水果，[5] 中國的情況也極為相似。但一六五〇年以後，糖在許多歐美國家從奢侈品和稀有品變成日用品和必需品。這種奢侈品轉向大眾化的風潮，是世界資本主義生產力勃發和意

---

3 《說文解字》：菜，草之可食者，從草采聲。

4 *OECD-FAO Agricultural Outlook 2018-2027*, Chapter 5 Sugar , FAO.

5 西敏司（Sidney W. Mintz）著，朱健剛、王超譯，《甜與權力：糖在近代歷史上的地位》，商務印書館，二〇一〇年，頁一三。

志湧現的縮影。然而中國飲食中甜味元素的發展歷程卻頗為特殊，既不像加勒比殖民地那樣接受其宗主國的風潮——以糖為權力的象徵，又不像英國那樣——在生產力勃發之後把糖普及到日常飲食中去。[6]如果我們以加勒比殖民地為殖民主義模式的飲食文化範例，而將英國作為現代主義模式的飲食文化範例，那麼中國則是兩不相符，它的飲食文化既不是殖民主義的，也不是現代主義的。筆者在幼年時，糖仍然是高價的奢侈品，大白兔奶糖只會在春節期間和婚禮糖盒中出現。隨著九〇年代以來中國中國生產力的迅速發展，糖變得廉價而易得，大白兔奶糖已經成為多數城市居民可以輕易購買的商品，然而身邊的人卻並沒有食用大量甜食的習慣。出國的留學生往往會抱怨歐美的甜品太重糖而難以入口，中國人喜聞樂見的零食大多是以鹹辣味覺元素為突出特徵的，比如各種香辣豆製品和肉脯，常年在網路零食銷售排行榜上占據前幾名的位置。甜味並沒有出現曾在英國發生過的從奢侈品變成大眾消費品的轉變，在中國它不再昂貴，但是卻並沒有流行起來，在歐美發達國家社會中的嗜甜問題也沒有發生在中國。為什麼甜味流行的範例沒有在中國重演呢？為什麼是辣味而不是甜味，成為了中國當代飲食的突出味覺特徵？難道甜味不是人天生所喜好的味道嗎？本書以中國飲食辣味的流行為線索進行討論，但若以甜味的不能成為主流作為線索進行討論，無疑也是極有價值的。

酸、辣、鹹味在調味副食中往往是相互融合的，當代中國的調味副食中首要的味覺元素是鹹，鹹味的調味副食主要是醬菜，以豆豉、豆醬、豆腐乳之類的豆製品為主，也有用蔬菜作為主食材的，如醬瓜、冬菜、鹹菜一類，突出的風味是鹹，但辣味往往也很重要，如四川的豆瓣醬、湖南的「貓餘」[7]，都是鹹辣風味突出的調味副食。酸味的代表性調味副食即是各種醃菜，時至今日東北和四川的泡菜都十分出名，然而中國大部分農耕地區都有醃製泡菜的傳統，突出的風味是酸，有些地方輔以鹹味和辣味。

6 西敏司著，朱健剛、王超譯，《甜與權力：糖在近代歷史上的地位》，商務印書館，二〇一〇年，頁一五六—一五九。

7 湘語謂腐乳為貓餘，蓋因「腐」字音類虎，諱之而稱貓。

中國調味副食的類型分布與地區有密切關聯，在東南沿海地區，調味副食有以海產品作原材料的，也有以豆製品作原材料的，還有以蔬菜作原材料的。比如廣東的潮州地區就同時有蝦醬、鹹魚、豆瓣醬、鹹菜作為下飯調味副食的情況，可以說調味副食的選擇是比較豐富的，同時，沿海地區也是海鹽的出產地，鹽的取得比較容易，因此鹹味的調味副食並不昂貴。中國中部地區，如湖南、江西等地，海產品不易獲得，調味副食以蔬菜和豆製品作原材料比較常見，然而由於這些地方河網密集，商貿發達，鹽的獲得也相對容易，因此鹹菜、鹹味的豆豉、豆腐乳都比較常見，且不昂貴。中國西部地區的情況則要一分為三視之，有些地區靠近井鹽的產地，容易取得食鹽；有些地區雖然不產鹽，但是交通較為便利，也容易獲得食鹽；然而有些地區則既不靠近鹽井，交通又不便利，導致食鹽價格較高，當地貧窮居民遇到人口增殖幅度較大的時候，不得不放棄副食而大量地食用主食，又不容易獲得以鹽為主的調味副食時，就不得不在傳統的調味副食之外尋找別的出路了。

我們都知道，貴州是南方地區最為缺鹽的省份，本省既不產鹽，交通也極為不便，勢必導致鹽價較高。北方的西北地區也較少鹽井，但是交通運輸較西南便利得多，因此缺鹽情況不若貴州之甚。

貴州食鹽缺乏，一方面是天然的原因，即交通不便，本地沒有鹽井；另一方面與中國歷史上極為重要的鹽業專營制度有很大的關係。在中國傳統的農業社會經濟條件下，食鹽是大多數人必須的，且很難自行在本地生產的少數商品之一，因此鹽稅就成為了自西漢以來中國歷代財政的重要來源，且有助於加強中央政府對地方的控制力。中國鹽業專營始於春秋時的齊國，管仲首創了鹽業專營制度，《管子》中有「今夫給之鹽策，則百倍歸於上，人無以避此者」。到了西漢，鹽業專營制度逐漸在桑弘羊等人的推動下完善，從漢到唐，鹽業專營時有興廢。安史之亂以後鹽業專營固定成為一項千年不易的國家制度，直至二〇一四年四月二十一日，中華人民共和國發改委宣布廢止食鹽專營授權管理辦法。

明朝洪武三年（一三七〇），朝廷開始實施開中法，以鹽引為仲介，募集商人對邊疆地區輸送軍糧等戰略物資。具體到貴州，根據洪武十五年（一三八二）的納米給鹽策，納米二石五斗可得川鹽二百斤的鹽引。在貴州納糧的商人得到鹽引後，到指定的四川自流井和五通橋鹽場支鹽，再自行運回貴州銷售，不得轉往其他地方。顯而易見的，開中法對於鹽商的限制很多，鹽米比例也是固定的，由於商路艱難，往貴州運鹽的成本又特別高，鹽商積極性很低，導致貴州缺鹽的情況進一步惡化。從明代中期直至清末，鹽引制度敗壞，鹽引成為了朝中權貴們套財的手段，全國都出現了鹽價畸高的情況，本就缺鹽的貴州更是「無商人配鹽行銷，民慮淡食」。[8]

由於食鹽的缺乏，西南地區以別的調味方式「代鹽」的情況並不鮮見，見於歷史記載的主要有四種代鹽方法，即以草木灰代鹽、以酸代鹽、以辣椒代鹽、以硝代鹽。[9]鹽對於保持人體體液平衡有重要作用，對於以米蔬為主要食物的人來說，完全不食鹽是不可能長期存活的，但是草木灰中有可以水解的電離子，其中包括少量的鹽，還有碳酸鉀和氫氧化鈉等成分，因此可以在一定程度上保持血液中電離子的平衡，可以減少鹽的消費。而辣椒作為代鹽的調味料則完全是出於味道的需要了，辣椒和鹽一樣可以促進唾液的分泌。貴州山區的苗族、侗族在辣椒引進以前，已有以酸代鹽的食俗，即便時至今日，這種食俗仍然頗為鮮明，但已經與辣椒充分混合，形成了貴州山區獨特的酸辣口味菜肴，如酸湯菜、酸辣米粉、酸辣肉食等等。

因此當我們看到以下這些記載：

康熙年間田雯《黔書》卷上：「當其（鹽）匱也。代之以狗椒。椒之性辛，辛以代鹹，只逆夫舌耳，非正味也。」

康熙六十年《思州府志》載：「海椒，俗名辣火，土苗用以代鹽。」

應當知道辣椒代鹽是貴州山民嚴重缺乏食鹽的無奈之舉，而在用辣椒代鹽之前，他們已經嘗試過多種不同的代鹽方法。

8 黔省議撥粵鹽抵餉礙難照辦折，光緒五年十月初六日。

9 李鵬飛，〈歷史時期「代鹽」現象研究〉，《鹽業史研究》，二〇一五年，第一期，頁七二—七九。

另外，《廣西通志》中也出現過辣椒代鹽的記載：「每食爛飯，辣椒代鹽。」辣椒食用起源於中國境內的土家、苗、侗少數族群，也印證了中國飲食文化是典型的多源文化（heterogeneous culture）。辣椒作為調味料的歷史是中國飲食文化中的重要篇章，而其源自於土家、苗、侗。還有一些發酵肉食的食俗也源自於西南少數民族，另外北方有源自五胡、興起於唐代的「塊食」如炊餅之屬，甚至還有來自域外民族的食俗，如澳門的葡式烘焙、香港的英式飲品等等。這些食俗都已經被深深地嵌入了中國飲食文化的龐大體系中去，遵循了中國飲食的「飯菜有別」體系，進食的規則，食品的中醫解說體系，從而成為了這個龐大機體的一部分。

第八節　清季辣椒的擴散

清代中後期辣椒在中國的傳播奠定了中國的食辣版圖，自嘉慶至同治年間，辣椒在中國西南山區迅速擴散，如今中國吃辣比較多的貴州、四川、湖南、雲南、江西都在這一時期開始食辣。

自康熙末年以來，歷經雍正（一七二三—一七三五）、乾隆（一七三六—一七九五）兩朝，貴州各地的方志記載已經普遍大量食用辣椒了。乾隆年間，與貴州相鄰的雲南鎮雄和鄰貴州東部的湖南辰州府也開始食用辣椒。嘉慶（一七九六—一八二〇）以後，黔、湘、川、贛幾省辣椒普遍種植起來，嘉慶時各地方志已經記載當時辣椒的傳播情況，江西、湖南、貴州、四川等地已經開始「種以為蔬」。根據《清稗類鈔》飲食類的記載，道光年間（一八二一—一八五〇），貴州北部已經是「頓頓之食每物必蓄椒」，「居民嗜酸辣，亦喜飲酒」，「滇、黔、湘、蜀人嗜辛辣品」，「湘、鄂之人日二餐，喜辛辣品，雖食前方丈，珍錯滿前，無椒芥不下箸也。湯則多有之」。同治時（一八六二—一八七四），貴州人是「四時以食」海椒。

如果說貴州吃辣的食俗始於缺乏食鹽，那麼辣椒用作調味料自貴州首創以後，逐漸蔓延到四川、湖南，而這兩省又作為重要的辣椒傳播源起了至關重要的作用，然而四川、湖南接受辣椒作為調味料的客觀條件又有極大的差異。

四川人自古以來好用辛香料，晉代常璩《華陽國志·蜀記》載蜀人「尚滋味，好辛香」。當時蜀人所用的辛香料主要是三香，即花椒、薑、茱萸。其中的花椒和薑至今仍是四川菜肴中的重要調味品，但茱萸的地位幾乎已經被辣椒完全替代。四川人對辛香料的喜愛使得其食用辣椒時往往與其他調味料搭配使用，造成了四川菜以麻辣為突出味型，兼重各種辛香味型的特色。四川的地理條件也是麻辣味型的基礎，由於四川盆地交通不便，歷史上有「蜀道難」之稱，四川與外省的物資交流相對較少，容易形成獨特的，以本土產辛香料為主的飲食風格，而辣椒和花椒又恰好都適合在四川種植，且種植成本較低，因此便成為首選的辛香料。四川的移民歷史也給予了辣椒擴散的機遇，明末清初在四川發生了大規模的瘟疫和戰亂，造成人口的急遽減少，在清廷政局穩定，戰亂平息之後，於康熙三十三年發布了《招民填川詔》，大規模招募湖北籍、湖南籍、江西籍、廣東籍移民入川。自康熙末年到乾隆初年，先後有數十萬各省移民進入四川，帶來了複雜多樣的各地飲食風俗，然而四川的地理條件又使得移民們不得不改變自己的飲食習慣，物資運輸入蜀的艱難令移民們難以採買到原來慣用的調味料和食材。移民們面臨著飲食習慣必然的改變，不得不向四川原居民借鑒其飲食文化，價廉物美的辣椒和花椒迅速成為移民們飲食的主流。因此「尚滋味，好辛香」的原蜀地居民飲食文化特徵，迅速被外來移民所接受。嘉慶年間，四川各地的縣志中大量出現辣椒種植的記載，金堂、華陽、溫江、崇寧、射洪、洪雅、成都、江安、南溪、郫縣、夾江、犍為等縣志中均有辣椒記載，如嘉慶《成都府志》、《金堂縣志》、《滿雅縣志》、《納溪縣志》。道光年間《城口縣志》載「黔椒，以其種出自黔省也，俗名辣子，以其味最辛也，一名海椒，一名地胡椒，皆土名也。有大小尖圓各種，嫩青老赤可麵可食可醃以佐食」，這段話說明了辣椒的種子來自貴州，是貴州吃辣起源的一個佐證，另外還說明了辣椒可以磨成粉，可以直接吃，也可以作泡菜吃，是泡椒的最早記錄。清末傅崇矩的《成都通覽》中記載的成都飲食中，辣椒已經成為了重要的調味料，同時期的文人徐心餘的《蜀遊聞見錄》載「惟川人食椒，須擇其極辣者，且每飯每菜，非辣不可」。

湖南吃辣比四川要晚一些，在嘉慶年間《湖南通志》中沒有食用番椒、辣椒、海椒的記載，但嘉慶年間《長沙府志》中有「番椒，亦名秦椒。三月種子，四月開細白花，五月結實狀如禿筆頭。嫩時則青綠色，老則紅鮮可觀」。這裡辣椒又叫作秦椒，與貴州、四川的番椒、海椒的叫法不同，反而與北方各省相同，說明當時長沙的辣椒很可能是一種來自北方的貿易品。湖南的情況需要一分為三地看待，湖南西部山區的永順、辰州、沅州、靖州靠近貴州省，地方志中辣椒的記載較早，基本在嘉慶年間，可見食辣的習慣自貴州傳來；湖南北部水網密集、地勢平坦的常德、岳州、長沙、澧州中辣椒的記載也比較早，基本也在嘉慶年間出現，但是名稱很不統一，如湘潭叫斑椒，[1]岳州和長沙叫秦椒，可見這是一種尚未在民間流行起來的外來貿易品，尚無本地通行的命名，商人只得以來源地的名稱呼之；湖南南部丘陵地帶的永州、寶慶（今邵陽）、衡州、郴州、耒陽食用辣椒的時間最晚，大致在道光至咸豐年間，至遲不超過同治年。道光年間《永州府志》引《湘僑聞見偶記》「近乃盛行番椒，永州謂之海椒，土人每取青者連皮啖之，味辣甚諸椒，亦稱辣子，尋常飲饌無不用者，故其人多目疾血疾，則番椒之入中國蓋未久也，由西南而東北習染所致」。這則記載非常重要，一則說明了永州稱辣椒為海椒，與貴州相同，而與湘北諸地不同；二則說明了道光年間永州開始盛行辣椒，這是一種新興的習慣；三則說明了由西南向東北習染，即這種習慣是從永州西南的貴州省流行起來的，逐漸向東北方向流布，說明了湖南西部

1 「斑椒」很可能是「番椒」的本地讀音轉記，因老湘語無輕唇音，故而讀作斑。

食辣的習慣來自貴州；四則說辣椒導致「人多目疾血疾」，從中醫的角度表明了作者對辣椒的排斥態度。《湘僑聞見偶記》的作者是時任永州知府的錢塘進士姜紹湘，他對辣椒的態度代表了中國士人階層的普遍看法——認為過於刺激的調味不符合上層飲食的品味。

綜合來看，湖南在同治年以前已經幾乎全省盛行辣椒，道光年間是辣椒在湖南散布的重要時間節點，《長沙縣志》、《新化縣志》、《平江縣志》、《湘鄉縣志》都在這一時期將辣椒列入物產志，可見此時辣椒的盛行。

活躍於咸豐、同治年間的湖南湘鄉籍名臣曾國藩亦嗜辣椒，《清稗類鈔》記載：

曾文正嗜辣子粉，曾文正督兩江時，屬吏某頗思揣其食性，藉以博歡，陰賂文正之宰夫。宰夫曰：「應有盡有，勿事穿鑿。每肴之登，由予經眼足矣。」俄頃，進官燕一盂，令審視。宰夫出湘竹管向盂亂灑，急詰之，則曰：「辣子粉也，每飯不忘，便可邀獎。」後果如其言。這裡談到曾國藩吃辣的趣聞，曾在兩江總督任上時，有下屬吏員想要了解他的飲食偏好，以便博取曾的歡心，偷偷地賄賂了曾的伙夫。伙夫說：

「該有的東西都有了，不要挖空心思搞花樣。每道菜在上桌之前，給我看看就可以了。」過了一會兒，送來官燕一碗，讓伙夫看。伙夫拿出湘竹管製的容器向碗中亂灑，吏員急忙責備他，他說：「這是辣椒粉，每餐都不能少，就可以得到獎賞。」後來果然如他所說。以曾國藩當時之身份、地位，尚且食用辣椒，可見這是曾素來的習慣，也就是湘鄉老家的飲食習慣。吏員誤以為曾的口味很高貴，至少不至於吃辣，但是實際情況大出他的意料。

綜合多處文獻記載，清朝覆亡前後，即二十世紀初，食用辣椒的習慣大致已經傳播到長江中上游多數地區，雲南、四川、湖南、湖北、江西這幾個省幾乎全部食辣，食辣的北界當時在關中一帶，漢中地區已經普遍食辣，關中地區也已經開始種植辣椒，往北則記載較少；南界在柳州附近，柳州以南吃辣的記載很少；東界到浙江的衢州，衢州以西的山區多有吃辣，但進入吳語區以後吃辣記載不多；西界到藏區為止，青海有個別食用辣椒粉的記載，似乎由陝西傳入，流傳於西寧附近，但亦止於此。

需要特別說明的是，即使是吃辣區域中的大型城市（如成都、長沙、武漢、西安）的富裕階層，吃辣的也並不多，辣味飲食仍被視為是一種貧窮階層的飲食習慣而被抗拒。但是在鄉村中，即使是富農和地主，也往往有吃辣的習慣。

辣椒在進入中國的最初一百年，即一五七一年的《遵生八箋》到一六七一年的《山陰縣志》，作為觀賞植物種植，偶爾作為藥用植物外用，然後沿長江商業航道傳到湖南，再由湖南傳至貴州缺鹽的苗侗地區，於十八世紀初開始了在中國飲食中作為調味料的歷程，歷經二百年逐漸蔓延開來：向北擴散到湖北；向東擴散到湖南、江西；向南擴散到廣西北部；向西擴散到渝州、四川、雲南。在二十世紀初，業已形成了一個以貴州為地理中心的「長江中上游重辣地區」，也就是在中國進入二十世紀之初的辣椒調味分布狀況。

筆者認為辣椒在中國被用作調味料的創舉，很可能不止發生過一次，也不局限在貴州一省。事實上，東部沿海地區也有零星的、不能成片的區域有將辣椒作為調味料的食俗。這些局部的吃辣食俗是獨自發生的，還是受到起源於貴州的重辣地區食俗啟發而發生的，則由於文獻闕如而難以推斷。筆者傾向於認為這些零星且隔斷的吃辣片區是獨自發生的，但是由於條件的限制，不能擴散。那麼導致吃辣食俗在某地區的穩定和擴散的條件有哪些呢？長期缺鹽、商旅艱難、人地矛盾緊張，這些條件缺一不可。安徽皖南歙縣許村，曾在太平天國戰亂時期有短暫的缺鹽情況，也採取了以辣代鹽的方式，[2] 但隨著戰亂局勢的解除而未能長期保持。《廣西通志》中也有「每食爛飯，以辣代鹽」的記載。在零星的食辣片區中，廣東的潮州地區有將辣椒作為眾多蘸料的一種的食用方法，尤其是在離海岸線較遠的揭陽、普寧兩縣的辣椒醬尤為出名。但由於整個地區的副食品較為豐富，蘸料的種類也頗多，因此未能形成鮮明的食辣風格。中國東南部多數地區在明清以來屬於人地矛盾緊張的情況，但是沿海、沿江地區可以通過漁獲補充副食，且不缺鹽，因此沒有大量吃辣作為調味副食的必要。華北、華東等商路暢通的地區往往可以通過手工業產品補充收入，容易獲得貨幣，且商貿發達容易購買調味副食，因此也沒有吃辣作為調味副食的必要。商路完全不通的地區連

2 許琦、徐玉基，《箬嶺古道明珠：許村》，合肥工業大學出版社，二〇一一年，頁一八一。

辣椒的傳入都不可能，遑論形成吃辣的食俗，因此商旅須是艱難而非不通。西北、口外、東北在清中期人地矛盾尚不緊張，肉食也較易取得，因此不在缺乏副食之列。

第二章

中國文化中的辣椒

第一節　超越食物的辣椒

當現代中國人說起「辣椒」的時候，腦中除了作為食物的辣椒，還會聯想起一連串的「文化符號」，我們很容易想起性格熱烈開放、身材火爆的「辣妹子」；也會說一個人敢作敢當像是「吃了辣子」；我們還會想起農家門口一串串用於辟邪和增添喜慶的辣椒串；還有湘菜館門前招徠顧客的紅色裝飾。

辣椒自進入中國飲食的那一天起，就不再是一種單純的功能性的食物了。法國人類學家李維史陀（Claude Lévi-Strauss）所說的「神話」即指這種情況，他認為人類從自然到文化的聯繫遵從一種固定的思維結構——「它們都重複著講述從自然向文化過渡的故事」，因此認識這種結構可以揭示人類普遍的思考機制。[1] 隨著中國人賦予辣椒的隱喻不斷地增長、疊加，辣椒也就從一種舶來的調味品，變成了文化意義上的「中國的辣椒」。這種來自美洲的作物被賦予了一大堆中國文化的隱喻，這些隱喻的堆砌是伴隨著食用辣椒的實踐而不斷增長的。

辣椒在其自然狀態下只不過是萬千植物中的一種，然而當它進入了人類的食譜，成為了調味料，那麼就經過了人類語言和思維的加工，成為了人類社會中的一部分。隨著積累的隱喻越來越多，辣椒的文化內涵不斷豐富，逐漸形成了一套比較穩定的「隱喻體系」，細分來說，辣椒的隱喻體系有三個層次。

辣椒在人類社會中有經驗性的和抽象概念的兩層意義，辣椒作為調味料給使用者帶來了「熱」的感覺，進而延伸到與「火」有關係，又經歷了一系列的想像與涵化，進而變成了中醫體系中的「辛熱」屬性物質，到這一步為止，辣椒的意義已經從經驗性的「熱」，轉化為了中醫所指的「熱」，即是抽象的、文化意義上的熱，中國人對辣椒的解釋已經從經驗性的理解，轉化為抽象概念上的理解。經驗性的「熱」是為第一層次，抽象概念的「辛熱」則是第二層次。

辣椒的文化符號意義是第三個層次，即由抽象概念而引申出的普遍聯繫，即中國文化中用以表達經驗和思考的象徵體系，這種象徵體系是從抽象概念衍生而來的，不同文化有著不同的象徵體系。辣椒在中國文化中的抽象概念的典型是中醫所指的「上火」、「祛濕」，這種抽象概念仍然屬於「物」的概念，是辣椒與花椒、胡椒等物共享的概念。而到了第三層意義上則被賦予了「放蕩」、「辟邪」等概念，即成為精神層面的概念，一種符號和文化的概念，已經脫離了「物」的範疇。

哲學家恩斯特・凱西爾（Ernst Cassirer）在《人論》中提出，人與其說是「理性的動物」，不如說是「符號的動物」，亦即能利用符號去創造文化的動物。人和動物的根本區別在於：動物只能對「信號」作出條件反射，而只有人才能夠把這些「信

1 李維史陀（Claude Lévi-Strauss）著，謝維揚、俞宣孟譯，《結構人類學》，上海譯文出版社，一九九五年。

號」改造成為有意義的「符號」。[2]「符號化的思維和符號化的行為是人類生活中最富於代表性的特徵，並且人類文化的全部發展都依賴於這些條件」。無疑，本章討論的辣椒的隱喻，即是符號學意義上的文化隱喻。辣椒對於多數哺乳動物來說有辣味，但只有人會把辣味和性刺激聯繫在一起，產生一系列的辣味與放蕩性行為之間的關聯。

中國宋代以來的理學的核心思想是「格物致知」，朱熹對它的解釋是「窮究事物道理，致使知性通達至極」。對於辣椒研究來講，即是通過窮究辣椒本身的特點，以及中國文化賦予辣椒的文化表達，致使對辣椒在中國飲食中的地位和文化意義的理解通達至極。因此對文化的理解和辯論，總是要有具體的目標物，而文化從來也不會是沒有寄託物的飄然存在，文化總要有一定的表現形式。中國的飲食文化的表現物可以是一定的就餐儀式，箸、釜等餐具和炊具，也可以是具體的食物，還可以是烹飪的技藝和手法。技藝、手法、儀式這些東西，所有這些必須加之在實在的人和物體上，因此有空間的占據，履行這些東西總需要占據一定的時間，因此總是能夠被看到、聽到、聞到、觸摸到、品嚐到，是實實在在的存在物。因此對飲食文化的觀察也是一種「物的民族志」（ethnography of object）。

圍繞食用辣椒的行為而衍生的隱喻是一個複雜的體系。正如康德（Kant）所說「人的理性為自然界立法」，既然要「立法」則必有一套「立法機制」。美國人類學家馮珠娣（Judith Farquhar）在《饕餮之欲》中提到了「藥膳」的隱喻：理性所感知到的食物的功效並不能抵消吞嚥時相對短暫的體驗，而我們的肉體感受，一旦被激起，就會指向儲存著主觀體驗的文化領域。[3]

辣椒在中國文化中的隱喻的生產機制，正是本章討論的問題。

---

2 恩斯特·凱西爾（Ernst Cassirer）著，甘陽譯，《人論》，上海譯文出版社，二〇〇四年，頁三四—三五。

3 馮珠娣（Judith Farquhar）著，郭乙瑤、馬磊、江素俠譯，《饕餮之欲：當代中國的食與色》，江蘇人民出版社，二〇〇九年，頁六四。

第二節　辣椒的「個性」

人才有個性，物並沒有所謂「個性」，它只有作為物的特質，比如人對鐵的感受是硬的、涼的，我們說一個人鐵石心腸，這就把鐵的特質擬人化了，所擬的是人的個性中的堅硬和冷酷。辣椒也是如此，人吃了辣椒覺得刺激、痛、發熱，當我們把辣椒擬人化了，那麼辣椒就有「個性」，它的個性基於物的特質，由此闡發，也受此限制。

我們分析辣椒的文化隱喻，應當注意到這些隱喻可以從來源上分為兩類，一類是由辣椒食用的肉體感受所激發的，這裡我稱之為原生隱喻；另一類是由「辣」的文化隱喻轉借而來的，也就是說中國文化在辣椒傳入以前已經有的對「辣」的隱喻，在辣椒傳入之後轉借到辣椒上的，我稱之為類比隱喻。

從《紅樓夢》中我們可以看到一個很明顯的類比隱喻例子，林黛玉初入賈府時，見眾人皆斂聲屏氣，唯有王熙鳳灑脫放蕩，賈母調笑說：「她是我們這裡有名的一個潑皮破落戶，南省俗稱『辣子』，你只叫他『鳳辣子』就是了。」[1] 紅樓夢的作者曹雪芹生平正值雍正乾隆年間，而南省應是對南直隸省的虛指，依據曹雪芹的生平經歷，應該是指江寧（即今南京）的習俗。雍乾時期江寧稱為「辣子」的，即是辣椒，因此這裡用辣椒來隱喻王熙鳳爽朗、果斷、狠毒的性格，同時也有風流、美麗的暗示。同時，賈母也指明了這是「南省」的說法，可見她年老而見聞廣，在北方也許並不流行，這也從一個側面證明了食用辣椒乃至於以辣椒喻人是首先從南方流行起來的。此外《紅樓夢》第三十回中，寶玉、黛玉、寶釵三人鬥嘴，鳳姐來打趣：「你們大暑天，誰還吃生薑呢？」[2] 以此形容場面的尷尬，諸人臉上辣紅的光景。可見當時在大戶人家中，薑還是「辣」的性格隱喻的主要載體，所以鳳姐形容尷尬氣氛時才會自然地說「吃生薑」。以賈母的身份，自然也是不屑於吃辣的人，把「潑皮破落戶」與「辣子」並提形容鳳姐，也有調侃鳳姐如潑皮破落戶和辣椒一樣不上檔次的意思。

我們需要注意到，以辣來比喻人的性格在辣椒傳入之前就已經出現了，如「辣浪」、「辣手」等詞彙，「辣浪」一詞的最早記錄在宋代話本《五代史平話》「奈知遠是個辣浪心性人，有錢便愛使，有酒便愛吃，怎生留得錢住？」；「辣手」一詞最早見於元代話本《京本通俗小說》「欲待信來，他平白與我沒半句言語，大娘子又過得好，怎麼便下得這等狠心辣手？」。前一詞有爽朗、風流的意味，後一詞有狠毒、果斷的意味。這兩個詞的出現都在辣椒傳入中國之前，因此辣椒得到這樣的文化隱喻，必然是經過類比的。中國人很早就有了描述刺激性肉體感受的字眼，即「辛」，此後用「辣」來指「辛之甚者」，薑、韭、芥、椒等物都能提供「辣」的肉體感受，

1 曹雪芹，《紅樓夢》，人民文學出版社，二〇〇八年七月北京第三版，頁四〇。

2 曹雪芹，《紅樓夢》，人民文學出版社，二〇〇八年七月北京第三版，頁四一〇。

因此很早人們就用這種感受來描述抽象的人格和主觀體驗了。但在辣椒傳入之後，由於其辛辣的特質突出，因此這種早已有之的對「辣」的隱喻，就經類比而被轉移到辣椒這個特定的、明確的物品上了，這樣才有了「鳳辣子」之說。

〈辣妹子〉是宋祖英在一九九九年中央電視台春節聯歡晚會上演唱的歌曲，其中歌詞即隱含著女子面容與身材姣好，性格爽朗、果斷、大方的意味：

……
辣妹子從小辣不怕
辣妹子長大不怕辣
辣妹子嫁人怕不辣
吊一串辣椒碰嘴巴
……
辣妹子從來辣不怕

辣妹子生性不怕辣
辣妹子出門怕不辣
抓一把辣椒會說話
……
辣妹子辣辣妹子辣
……
辣出汗來汗也辣呀汗也辣
辣出淚來淚也辣呀淚也辣
辣出火來火也辣呀火也辣
辣出歌來歌也辣歌也辣
……
辣妹子說話潑辣辣
辣妹子做事潑辣辣

辣妹子待人熱辣[3]
……

當代中文語境下，「辣妹子」一詞的文化隱喻，已經不同於古漢語中的「辣手」、「辣浪」、「毒辣」，反而更偏向於正面的說話直接了斷、做事果斷勇敢、待人大方爽朗，且有隱喻體態和容貌的美好的意味，呈現出辣椒文化含義從貶義向褒義的轉化。

比較紅樓夢中的「鳳辣子」和當代的「辣妹子」，我們可以看出「鳳辣子」這種比喻原是中性略偏向於貶義的，故而賈母是以調笑的口吻說出，而當代的「辣妹子」則是中性略偏向於褒義的。當今我們形容一個女子是「辣妹子」時，固然也有調笑的意味，但被冠以此名的女子一般不會認為這是貶義的。這種轉變來自於辣椒的階級屬性的變化，自清末以來的一系列革命使得辣椒得以衝破原有的階級界限廣泛流傳，關於辣椒與階級關係的部分，在第三章將會詳細論述。

辣椒的文化含義多寡，是因不同地區而不同的，例如在食用辣椒較多的湖南，辣椒的文化含義就很豐富，關於辣椒的俗語很多；在食用辣椒較少的廣東、福建，辣椒的文化含義就比較貧乏，有關的俗語、歌謠就不太多。客家俗語說「敢食三斤薑，敢頂三下槍」，這裡即用薑而不是辣椒作為辣的文化含義的載體，指的是人的個性的「辣」。文化含義的多寡與兩個變數密切相關，其一是其地食用辣椒的頻度，其二是其地文化的發達程度以及與外界的溝通程度。顯然，吃辣椒多的地方自然會產生比較多的以辣椒喻人的行為，反之亦然；雲貴吃辣並不比川湘要少，但是其文化發達程度不如川湘，當地人口和移民輸出人口不如川湘，其文化的擴張能力也不如川湘，因此川湘的辣椒文化含義能夠對其他地方輸出且造成比較大的影響，而雲貴則較弱。

隨著互聯網的普及，文化交流以前所未有的便利程度進行著，清代的北方人也許還對「辣子」形容人的性格覺得莫名其妙，現代的漢語使用者多半能完全理解形容

3〈辣妹子〉，歌手：宋祖英，填詞：余志迪，譜曲：徐沛東。

一個女子是「辣妹子」的意思。這就是辣椒在一地所產生的文化含義擴展到整個文化圈的例子，當今中國各地都有把辣椒和性格聯繫在一起的俗語，華北地區有「吃不得辣，當不得家」的說法，這裡把吃辣和當家聯繫在一起，也是說明吃辣的人果斷、有能力，能夠當家。至此，南北對辣椒的文化含義的理解已經沒有什麼差別了。

第三節　中醫對辣椒的認知

中醫對辣椒的認知是中國文化對辣椒的話語體系的基礎，辣椒得以進入中國龐大的食療和族群認知體系中去，其影響是怎樣強調也不為過的。

中醫對辣椒的記載非常早，早在辣椒進入中國飲食以前，中醫就已經注意到了這種外來的辣味強烈的植物。明末姚可成（十七世紀中葉）著《食物本草》中稱辣椒「味辛，溫，無毒」，一七六五年刊行的《本草綱目拾遺》中：「辣茄性熱而散，亦能祛水濕。」這裡已經提到了辣椒的兩個基本特性，即驅寒和祛濕。《本草綱目拾遺》的記載實際上是對當時已知的辣椒的藥性的總結。

中醫的思想體系源自中國傳統哲學，尤金・安德森（E. N. Anderson）的《中國食物》中說，中國傳統哲學與西方哲學很顯著的一個區別是採用「類比推理法」而不是「演繹推理法」。[1] 演繹推理法的基礎是三段論，即A＞B，B＞C，因此A＞C這種類型的論證。而類推法則是根據兩個對象有部分屬性相同，從而推出它們的其他屬性也相同的推理。從邏輯層面上說，類推法不如演繹推理法可靠，但是在實際生活中，類推法更容易將常見事物分類並得出大致的規律。中醫採用類推法很普遍，諸如五行、五味、五臟等的聯繫，具體對應關係見下表：

除了以下的分類，中醫還把食物分為冷、熱、

中國傳統觀念中五行、五臟、五腑、五竅、五色、五味、五候、五液、五嗅的類比聯繫

五行	五臟	五腑	五竅	五色	五味	五候	五液	五嗅
木	肝	膽	目	青	酸	風	淚	臊
火	心	小腸	舌	赤	苦	火	汗	焦
土	脾	胃	口	黃	甘	溫	涎	香
金	肺	大腸	鼻	白	辛	燥	涕	腥
水	腎	膀胱	耳	黑	鹹	寒	唾	腐

乾、濕，這一點與古希臘的醫學有相似之處，古希臘醫學將人分為膽汁質、多血質、黏液質、抑鬱質四種類型。膽汁質的人熱而乾，多血質的人熱而濕，黏液質的人寒而濕，抑鬱質的人寒而乾。同時也對應四季、四種組成世界的基本元素，以及一系列的疾病和治療方法。

但中醫則更為複雜地認為這幾種因素是交替作用的，且與人本身的稟賦有很大的關聯。中醫對於食物與藥物的性味歸經，基本上源自直觀的嚐味、觀色、嗅覺，得到了直觀體驗之後，便將其列入某一類，從而類比推理出這一類的特點。一般來說，生長在水中的植物和動物，被認為是涼性的，植物如蓮藕、海帶，動物如蝦、蟹、貝類等。味苦的食物也被認為是涼性的，如苦瓜、蓮子。牛羊肉這類肉食被認為是熱性的，但豬肉、雞肉則例外，它們屬於中性食物。幾乎所有辛辣的、富有香料氣息的調

1 尤金·安德森（E. N. Anderson）著，馬孆、劉東譯，《中國食物》，江蘇人民出版社，二〇〇三年，頁一九一——一九二。

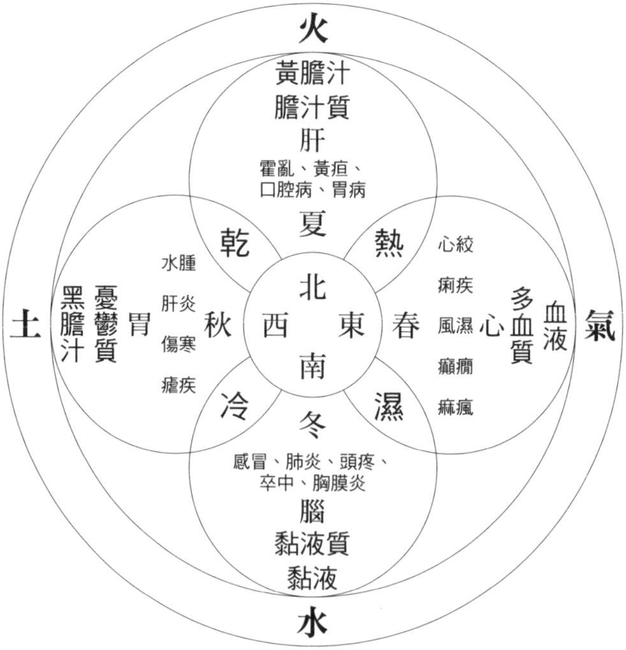
火
黃膽汁
膽汁質
肝
霍亂、黃疸、
口腔病、胃病
夏
乾
熱
北
西
東
南
秋
春
冬
冷
濕
土
黑膽汁
憂鬱質
胃
水腫
肝炎
傷寒
瘧疾
氣
血液
多血質
心
心絞
痢疾
風濕
癲癇
痲瘋
感冒、肺炎、頭疼、
卒中、胸膜炎
腦
黏液質
黏液
水

希波克拉底的四體液說

味料都被認為是熱性的，除了顯而易見的直觀發熱感受，還可能由於這些調味料大都生長在比較熱的氣候條件下。

中醫還強調「氣」的作用，動植物皆有氣，氣都可以分為陰陽。氣是一種能量，但是單純理解為能量也是不夠的。人攝入了富含營養的物質可以補氣，但一些本身並沒有什麼營養的物質攝入後可以激發人自身的氣。消化食物也需要消耗氣，能夠提供較多氣的食物，消化它也需要比較多的氣。比如牛肉雖能提供比較多的陽氣，但是消化牛肉也需要很多氣，因此體質虛弱的人就不適合吃牛肉。

中醫還有獨特的「毒」的概念，除了一般意義上的有毒（如烏頭鹼），中醫還將一些有可能引起過敏反應的食材，通常是含有異蛋白的食物視為有毒，比如牛肉、海鮮。但是中醫也將一些一般認為是沒有顯著毒性（離開劑量談毒性沒有意義，這裡的毒是指在通常食用劑量下而言）的調味品視為有毒，比如肉桂和辣椒都被一些醫家視為有一定的毒性，這裡的毒性可能是指產生令人不適的感覺，如中醫的大多數理論一樣，是一種先驗性的概念。

以常見的辛辣調味料來說，薑、花椒、胡椒、辣椒、茱萸、肉桂，在性味上都是「性熱、味辛」，都被認為是熱性的食物，但效用則有所不同，如薑是「溫中散寒、回陽通脈、燥濕消痰」，花椒是「溫中燥濕、散寒止痛、驅蟲止癢」，胡椒是「溫中散寒、下氣、消痰」，辣椒是「溫中散寒、開胃消食」，茱萸是「散寒止痛、降逆止嘔、助陽止瀉」，肉桂是「補火助陽、引火歸元、散寒止痛、溫通經脈」。[2] 中醫對藥材的判詞中可以分為兩部分看，一部分講理論，即溫中散寒之類的語句；一部分講療效，即消痰、驅蟲之類的語句。以上調味料中若以療效論，薑、胡椒可以消痰；茱萸可以止嘔止瀉；辣椒可以開胃；肉桂、花椒可以止痛。其中花椒的驅蟲作用是被古人明確了解的，因此漢代有「椒房」，即以花椒研末拌入塗料塗於內牆，用於皇后的房間，這樣的做法即有幾層含義，象形意義上取花椒子實團簇的多子寓意，功能意義上取花椒的芬芳、驅蟲之效。

筆者於二〇一七年一月訪問了三位中醫，詢問他們對於上述這些調味料的用藥判斷，這三位中醫的說法大致相同，說明中醫對於這些「熱性」調味料有著一致的認識。其中薑、花椒、茱萸、肉桂這四味是可以內服用藥的；辣椒、胡椒一般用於外敷，特殊情況可以少量內服。

筆者認為這種觀念與這些物種的起源地有關聯，中醫不太認可外來物種的藥效，而胡椒是宋以後才廣泛使用的食材，辣椒更是清代以來才流行的食物。薑、花椒、茱萸、肉桂則是起源於中國本土的辛辣調味料，因此被中醫認為是更「可靠」的藥材。但根據這三位中醫的說法，近四百年來引入中國的異域食材較少入藥的事實另有解釋，中醫對藥材的性味歸經的依據來自「內觀經絡」，簡稱內觀。所謂內觀（此內觀不同於佛教意義的內觀——毗婆舍那，Vipassana），在《黃帝內經》中解釋為發現自身經絡的運行，體察到精氣血相互轉化的過程，內觀要求修行者身體潔淨，沒有外物的侵擾，本身的氣功修行很高，能夠體察到氣在體內運行的情況，這種理論與道家的氣功理論相同，應屬同源；因此懂內觀的人可以判定藥材的寒熱、燥濕、毒性、氣行

2 以上藥性的判斷語句皆來自《中華藥典》。

軌跡。傳統上，藥材的性味歸經就是靠這些能夠內觀的人一味一味嚐出來的，因此古代名醫往往會嘗試大量的藥材。但是懂得內觀經絡的人是很少的，這種略帶神祕色彩的人物似乎只出現在比較久遠的古代，因此這幾位中醫認為近四百年來鮮有外來物種入中藥之列的原因主要是沒有懂得內觀的人來嚐這些新鮮東西，不能明確性味歸經，所以不敢擅用。

雖然辣椒被排斥在現當代中醫內服用藥之外，但是清代以降的藥典中仍有對辣椒的記載，不過對其性味歸經並無一致的說法，其中以《本草綱目拾遺》記載最詳：辣茄，人家園圃多種之，深秋山人挑入市貨賣，取以熬辣醬及洗凍瘡用之，所用甚廣，而綱目不載其功用。陳靈堯《食物宜忌》云：「食茱萸即辣茄，陳者良。其種類大小方圓黃紅不一，唯一種尖長名象牙辣茄，入藥用。又一種木本者，名番薑。」范咸《台灣府志》：「番姜木本，種自荷蘭，開花白瓣，綠實尖長，熟時朱紅奪目，中有子辛辣，番人帶殼啖之，內地名番椒；更有一種結實圓而微尖似柰，種出咬吧，[3]內地所無也。」《藥檢》云：「辣茄，一名臘茄，臘月熟，故名，亦入食料。苗葉似茄葉而小，莖高尺許，至夏乃花，白色五出，倒垂如茄花，結實青色，其實有如柿形，如秤錘形，有小如豆者，有大如橘者，有仰生如頂者，有倒垂葉下者，種種不一。入藥惟取細長如象牙，又如人指者，作食料皆可用。番椒，一名海瘋藤，俗呼辣茄，本高一二尺，叢生白花，秋來結子，儼如禿筆頭倒垂，初綠後朱紅，懸掛可觀，其味最辣，人多採用，研極細，冬月以代胡椒。蓋其性熱而散，能入心脾二經，亦能袪水濕。」

《食物本草》：味辛，溫，無毒，消宿食，解結氣，開胃口，辟邪惡，殺腥氣諸毒。

《百草鏡》：洗凍瘡，浴冷疥，瀉大腸經寒癖。

《中華本草》：味辛，性熱，歸脾，胃經。

《藥性考》：溫中散寒，除風發汗，去冷癖，行痰逐濕。有毒，多食眩旋，動火

3 疑為爪哇島，當時爪哇為荷蘭人占據，赴台灣的荷蘭殖民者皆從爪哇出發。

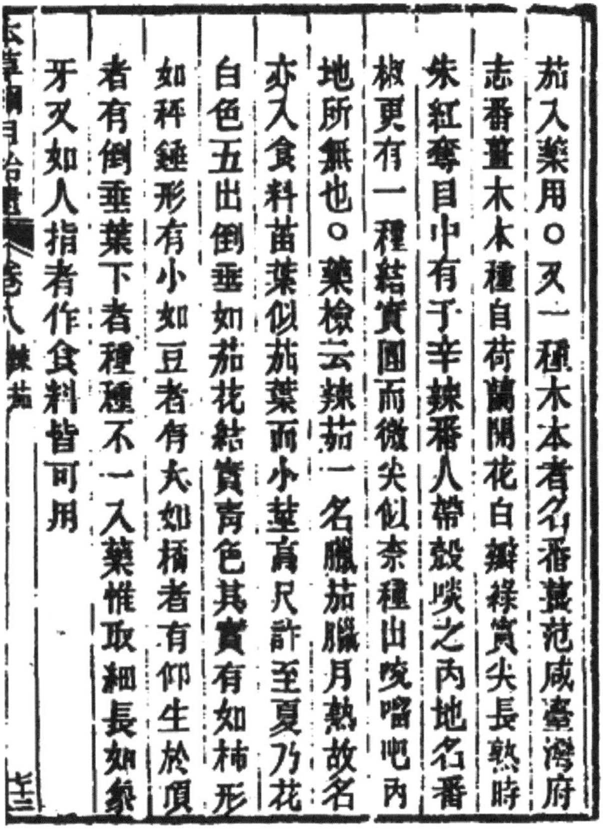
茄入藥用○又一種木本者名番薑范咸臺灣府志番薑木本種自荷蘭開花白瓣綠實尖長熟時朱紅奪目中有子辛辣番人帶殼啖之內地名番椒更有一種結實圓而微尖似柰種出咬𠺕吧內地所無也○藥檢云辣茄一名臘茄臘月熟故名亦入食料苗葉似茄葉而小莖高尺許至夏乃花白色五出倒垂如茄花結實青色其實有如柿形如秤錘形有小如豆者有大如橘者有仰生於頂者有倒垂葉下者種種不一入藥惟取細長如象牙又如人指者作食料皆可用

本草綱目拾遺 卷八 辣茄

《本草綱目拾遺》中「辣茄」條目，北京大學圖書館藏。

故也。久食發痔，令人齒痛咽腫。

《食物宜忌》：性辛苦大熱，溫中下氣，散寒除濕，開鬱去痰，消食，殺蟲解毒。治嘔逆，療噎膈，止瀉痢，祛腳氣，食之走風動火，病目發瘡痔，凡血虛有火者忌服。

《藥檢》：味辛，性大熱，入口即辣舌，能祛風行血，散寒解鬱，導滯止瀉，擦癬。

從以上記載看，辣椒在清代中醫認知中，常用的名稱有「辣茄」、「番椒」、「臘茄」，經常與食茱萸、海瘋藤等植物混淆，對其性味歸經的認知各家不一致。

在現代醫學進入中國以前，中醫已經有一些以辣椒入藥的驗方：

1.《醫宗彙編》：治痢積水瀉，辣茄一個為丸，清晨熱豆腐皮裹吞下，即癒。

2.《單方驗方選編（吳縣）》：治瘧疾，辣椒子，每歲一粒，二十粒為限，一日三次，開水送服，連服三至五天。

3.《本草綱目拾遺》：治瘧疾，有小僕於暑月食冷水臥陰地，至秋瘧發，百藥罔效，延至初冬，偶食辣醬，頗適口，每食需此，又用以煎粥食，未幾，瘧自癒。

4.《百草鏡》：治毒蛇傷，用辣茄生嚼十一二枚即消腫定痛，傷處起小泡出黃水而癒，食此味反甘而不辣。或嚼爛敷傷口，亦消腫定痛。治外痔，以象牙辣茄紅熟者，挫細，甜醬拌食。

當代，中國「國家中醫藥管理局」編著的《中華本草》中收錄一些辣椒入藥的臨床用法：

1.治療腰腿痛：取辣椒末、凡士林加適量黃酒調成糊狀。用時塗於油紙上貼於患部，外加膠布固定。

2.治療一般外科炎症：取老紅辣椒焙焦研末，撒於患處；或用油調成糊劑局部外敷。

3.治療凍瘡、凍傷：取辣椒一兩切碎，經凍麥苗二兩，加水兩千—三千毫升，煮沸三—五分鐘，去渣。趁熱浸洗患處，每日一次。已破潰者用敷料包裹，保持溫暖。

4.治療外傷瘀腫：用紅辣椒曬乾研成極細粉末，加入融化的凡士林中均勻攪拌，待嗅到辣味時，冷卻凝固即成油膏。適用於扭傷、擊傷、碰傷後引起的皮下瘀腫及關節腫痛等症，敷於局部。

從以上的藥方中可以看出辣椒的用法原本有內服、外敷，可以用來治瘧、治痢、治凍瘡、治毒蛇傷；到了當代，內服的用法完全被摒除了，只留下外敷的用法，主要是治外科炎症、凍瘡、腫痛等。其用藥的理論基礎仍是《本草綱目拾遺》中的「辣茄性熱而散，亦能祛水濕」。但當代治瘧、治痢有了療效更可靠且安全的藥物，因此不再用辣椒，從現代醫學的藥理上說辣椒也不太可能治得了瘧與痢，治蛇毒更是無從談起，止痛倒還說得過去。根據現代醫學的研究，辣椒素和VR1受體結合能促進物質P的釋放，加速神經末梢的P物質和其他神經遞質的耗竭，從而減輕或消除疼痛刺激向中樞神經的傳遞，減輕慢性疼痛症狀。[4]因此辣椒用作外敷的確是有止痛的功效的。

據三位中醫解釋，凡屬「辛」的藥材都有發散作用，但是辣椒和胡椒的「發散」是不辨正邪的，辣椒和胡椒的熱性激發出體內的「氣」，最終發散出去，損失了「氣」，因此不入內服藥。薑是最常用的藥物，它的特點是熱、辛、驅寒、祛濕，可以提振「正氣」，發散「邪氣」，所以是驅寒祛濕的首選用藥。這也是中國民間普遍認為包括辣椒在內的辛辣調味料可以「祛濕」的中醫理論根據。除此以外，薑也是這些藥材中被中醫普遍認為是「無毒」的，其餘的幾味各有「毒性」，大小不等。

需要特別指出的是，民間的飲食文化受中醫影響很大，但是並不等同於中醫。民間對食物的寒熱、燥濕的定義，與中醫理論上的定義不一定對應，且沒有中醫那樣複雜的理論體系。尤其在各個地方還有不同的說法，比如說四川人往往認為火氣對人體有補助，而廣東人則認為火氣屬於毒的範疇，需要敗火。具體到辣椒上來說，中醫大多認為其熱且辛，能使氣血上行，多食會使人發汗、散氣，會造成「氣」的損失，因此不常用於內服中藥。

4 駱昊、萬有、韓濟生，〈辣椒素及其受體〉，《生理科學進展》，二〇〇三年，第一期，頁一一一—一一五。

第四節　「上火」與「祛濕」

「上火」與「祛濕」是民間對於辣椒常見的食療認知，這種認知的背後有著深刻的文化認同因素，也是不同地區的人們對自身飲食習慣的合理化解釋。而這種話語體系一旦形成，對族群和飲食偏好和邊界建構都有深遠的影響。

基於中醫理論對辣椒的理解，即《本草綱目拾遺》所說「辣茄熱而散，亦能祛水濕」。中國民間對辣椒形成了兩大基本概念，由性熱而性「散」得出了「上火」的概念，由「祛水濕」得出了「祛濕」的概念。民間的理解基於中醫，但並不完全以中醫的理論和思考方式作進一步的闡釋，因此關於辣椒的民間食療理解還摻雜了民俗、民間信仰體系等多方面的影響，把辣椒囊入了中國龐雜的食療體系裡去。

1. 辣椒的上火問題

上火是一種民間的說法，無論是中醫還是現代醫學，都沒有這樣的籠統的對病症的辨認和定義。民間上火說法包羅很廣：眼睛紅了是上火（充血），咽喉腫痛是上火（炎症），大便乾燥是上火（缺水），發脾氣也是上火，著急是上火，連說話不注意也會說「火氣大」，這已經遠遠超出了醫學的範圍。英文中「炎症」一詞inflammation的詞根是flame，與火有一定關聯，但主要是由於灼傷的表徵與炎症相同，因此英語中炎症由灼傷一詞的語義延伸而來，但與中醫所說的「火」並非同一概念。

中醫一般認為民間概念的上火泛指人體陰陽失衡後出現的內熱症。其特點是：長痘、牙齦腫痛、咽喉不適，甚至口角潰爛、嘴唇長泡，還可表現為大便乾燥、肛門熾熱等。筆者在田野調查的過程中，發現陝西、山東、安徽、上海、湖北、廣東、福建都有受訪者認可吃辣椒上火的說法，但是對上火的認知則並不統一，大部分地區的說法都認為上火是對身體不利的，不過也有反例，比如福建沿海地區就認為吃辣能夠發散「魚毒」，所謂「魚毒」是由於吃海產品過多而導致的症候，但定義很寬泛。

筆者曾在廣州老城區進行過一次小範圍調查，考察本地居民和外來居民的吃辣情況，這次調查印證了廣州本地人不吃辣的一般印象。大部分的本地人選擇了「不吃辣」和「偶爾吃」，且在「偶爾吃」的本地人當中，在家烹飪菜肴有辣味這個問題中幾乎全部選擇了「0次」。也就是說，本地人幾乎完全不吃辣，而在少數偶爾吃辣的本地人當中，他們也並不會在家烹飪有辣味的菜肴，而是在外出就餐時偶爾嘗試辣味菜肴。

此外，這次調查還發現本地人中吃辣的情況與外地人接觸並無直接關係，吃辣的本地人不一定與外地人有密切的接觸，不一定曾在外地長期居住，也不一定意味著更能接納外來族群常住廣州。有趣的是，本地人吃辣與年齡因素密切相關，在三十五歲以下組別中，多數本地人選擇了「偶爾吃辣」，而在三十五歲以上組別中，多數本地人選擇了「不吃辣」。在訪談中，一些本地中老年人表示，不吃辣是因為「年紀大了，腸胃受不了太刺激的食物」。這一表述說明了「吃辣」與年齡和健康狀況密切相關，在粵語中「上火」的問題通常表述為「熱氣」，實則意義相同。

對於辣椒的文化想像是造成本地不吃辣的重要原因。廣東人常說的「熱氣」問題，簡單而言即廣東地方的「地氣」偏熱偏濕，因此食用熱性的食物容易「熱氣」。對地方的歸性可見於《黃帝內經》「南方生熱，熱生火，火生苦，苦生心，心生血，血生脾，心主舌。其在天為熱，在地為火……」，以上所述的「地氣」、「性味歸經」問題，都很難以實證的方法驗證，但對於相信其意義的人來說，其心理暗示的意味則是不可忽視的。因此有關的論述是文化層面的，而非醫學層面的。

在調查中，僅有三名受調查者不認可吃辣「上火」的說法，也就是說其餘一百零三人皆認可這樣的表述。而這三人的職業皆與醫護相關，因此對於「上火」的認同與地域、年齡等變數無關，而僅與醫學知識的水準有關。很多本地人認為吃辣是「不健康」的，理由是「會熱氣」，數名受調查者特別說明「廣東的水土太熱，所以不能吃辣，如果是在北方，那就沒有問題」這樣的觀點。然而這樣的觀點是包涵了微妙的文化想像的：

- 廣東的水土不好，中原的水土是好的。
- 即使有吃辣習慣的人移居廣東以後也應該放棄吃辣，因地氣不合。

第一種文化想像來自於對中華文化發源地的尊崇，由於廣東僻處南疆，長期以來是中原人南逃避難之地，因此有「不得已而來之」的文化自卑感。由於中華文化傳統中四時、地氣、節令等中原地區文化想像皆與廣東地方的實際不符，因此廣東文化中存在著「尚中原」的風氣，尤其體現在廣東的族譜、堂號上，陳氏必稱潁川，蕭氏必稱蘭陵等等。廣東地區常年飲用「涼茶」的文化歸因也在這個問題上，蘇軾被貶海南儋州後寫道「嶺南天氣卑濕，地氣蒸溽，而海南尤甚。夏秋之交，物無不腐壞者。人非金石，其何能久」。嶺南長期被視為瘴癘之地，而現居於此的本地人又以中原苗裔自居，因此需要長期飲用藥材煮製的「涼茶」以除「濕熱」。這種文化想像把南遷漢族與土著百越區分開來，帶有一種文化優越感的意味。

第二種文化想像有著外地人來廣東就應該接納本地文化的隱喻，但這種隱喻是以「客觀事實」的表象出現的，因此說是由於「地氣」的原因，表現為本地人「善意的」勸喻，而非蠻橫地強加於外來人士。可以說是一種機智的促進文化融入的表達。這種文化想像是在近數十年來廣東取得了優勢的經濟地位以後才逐漸顯得重要的，大批的移民進入廣東地區，本地人一方面在經濟上需要與外地人協作，另一方面則需要在文化上盡可能地同化外地人，以免出現激烈的文化衝突，是一種文化調和的策略。

在廣東以外的漢族地區，「上火」的問題同樣存在，但是遠不如廣東對待「上火」的態度誇張。在筆者的田野調查中，發現與漢族雜居的少數民族，也同樣受到「上火」觀念的影響，如湖北、湖南、重慶的苗族、土家族、侗族等。但是處於聚居區的，與漢族接觸較不充分的少數民族，則沒有或者有較弱的「上火」觀念，如新疆喀什地區的維吾爾族、北疆的哈薩克族、青藏高原腹地的藏族等。

2. 辣椒的祛濕功能

中藥的藥性具有兩面性，熱性的食物一方面容易造成「上火」，而另一方面則可以「祛濕」。

中醫所說的濕邪分為外濕、內濕。外濕如人久處濕地，環境潮濕，或者涉水淋雨，這類都是屬於濕從外來的範圍；內濕主要是由於脾胃的運化，人喝下去的水、食物中的水，要靠脾胃的運化才能化為津液布滿全身，如果脾胃失調，那麼進入人體的水才會成為濕邪。但是民間的理解不同於中醫的解釋，南方民間常說的「祛濕」是指環境潮濕導致的「外濕」，「外濕」的確可以從肌表散出，因此說吃辣椒可以「祛濕」，在中醫的解釋中應指去「外濕」。「內濕」則應調理脾胃而除，辣椒反而不能用了。

在受調查者當中，不少來自湖南的外地人同樣認可「水土」、「濕熱」的說法，也就是說這些人與廣東本地人一樣，也有文化上「尚中原」的傳統，而他們的理解與本地人不同之處則在辣椒可以「祛濕」，雖然容易「上火」，但畢竟還是有利的一面。也就是說在中醫的文化想像方面，廣東本地人與外地人是相同的，然而對於辣椒卻得出了不同的結論。

外地人當中保持吃辣習慣的，都特別強調了辣椒「祛濕」的作用，他們認為廣東屬於氣候潮濕的地方，吃辣可以有助於身體排出「濕氣」，有利於身體健康。筆者認為，無論是「熱氣」，還是「祛濕」，都不是人們不食用或者食用辣椒的原因，反而是一種補充的心理慰藉。喜好香辛料是一個族群長久的飲食文化傳統，人們只不過是利用了中醫理論給自己找了一個可以心安理得地享用自己喜好食物的理由罷了。廣東人不喜好香辛料，於是用中醫理論說「熱氣」；西南人喜好香辛料，於是用中醫理論說「祛濕」。在享用美食之餘還可以慰藉心靈，認為自己做了對健康有好處的事情。

一種飲食文化形成的條件是難以重現的，它有著複雜的歷史背景，我們不知道為什麼要吃辣，但是我們這個族群一直就是吃辣的，為了要給予我們吃辣的正當性，我們會反覆地給這一行為編織「意義之網」，不管是用中醫的理論也好，現代營養學的理論也好，只要吃辣的行為持續下去，我們就會不停地疊加想像在這一行為上。時間長了，文化想像疊加得厚重了，吃辣的行為便成為了一種「顯性文化定式」（overt cultural form），[1]在與別的族群的接觸中，變成了一種認同的標準和標誌。

1 Fredrik Barth, ed. (1998), *Ethnic Groups and Boundaries: The Social Organization of Culture Difference*, Waveland Press, p.11.

第五節　辣椒的性隱喻

「辣妹」、「火辣」等詞語日益被廣泛使用，然而這些詞語的意味已經不再是傳統中文對人的個性的隱喻，卻多了一層性感和挑逗的意味，辣椒與性欲的關聯是怎樣發生的？這種聯繫的文化根源到底在哪裡呢？

辣椒在中文裡面有性暗示的意味，在中文裡形容一個女性「火辣」、「熱辣」一般有身材姣好、性格開放的意思。口欲上的刺激往往能夠與性欲的刺激聯繫起來。《禮記・禮運》中說「飲食男女，人之大欲存焉」。而這種聯繫不僅僅存在於中國，在基督教文化、伊斯蘭文化中也有類似的聯繫，因此可以說是一種人類文化中具有普遍性的聯繫。人類詞彙的創造存在著從具體到抽象的過程，而味覺則為這個過程提供了基礎的依據。但這種辣椒與性欲的聯繫是出自中國文化的發明創造，還是從外來文化引入的「舶來品」？

我們先來看看《牡丹亭．冥判》中的這段對話，對話的雙方是花神〔末〕和判官〔淨〕：

〔末〕凌霄花。〔淨〕陽壯的咍。〔末〕辣椒花。〔淨〕把陰熱窄。〔末〕含笑花。〔淨〕情要來。

這一段「報花名」的一問一答共報出了三十八種花，涵蓋了女人從三書六禮、梳妝，到婚禮、圓房，直到懷孕生子，年老色衰的生命過程。這種一問一答的報花名在中國的舊小說、戲曲當中很常見，比如評劇的《花為媒》、〈十二月花〉民歌等等。值得注意的是辣椒花被用來形容圓房的階段，並指出「把陰熱窄」。《牡丹亭》創作於一五九八年（萬曆二十六年），這裡面出現辣椒花的記載僅僅比高濂在一五九一年的記載晚七年。很明顯的，這裡的辣椒花是一種觀賞花草，並且明確地指出是因為它的「熱」而產生的性隱喻，因此是根據它的味道而不是形態。

我們再來考查中國文化中與性有關的食物背後的象徵體系，《金瓶梅》第四十九回「西門慶迎請宋巡按　永福寺餞行遇胡僧」，在宴請販賣春藥的胡僧的宴席上，可以看到露骨的飲食與性欲的聯繫：

> 先卓邊兒放了四碟果子、四碟小菜；又是四碟案酒：一碟頭魚、一碟糟鴨、一碟烏皮雞、一碟舞鱸公；又拿上四樣下飯來：一碟羊角蔥釧炒的核桃肉、一碟細切的餶飿樣子肉、一碟肥肥的羊貫腸、一碟光溜溜的滑鰍。次又拿了一道湯飯出來：一個碗內兩個肉圓子，夾著一條花筋滾子肉，名喚一龍戲二珠湯；一大盤裂破頭高裝肉包子。西門慶讓胡僧吃了，教琴童拿過團靶鉤頭雞脖壺來，打開腰州精製的紅泥頭，一股一股邈出滋陰摔白酒來，傾在那倒垂蓮蓬高腳鐘內，遞與胡僧。那胡僧接放口內，一吸而飲之。[1]

這一段文字主要用擬態的方法把食物與性器官聯繫起來，如「肥肥的羊貫腸」、「光溜溜的滑鰍」。後半部的文字愈發露骨，「兩個肉圓子，夾著一條花筋滾子肉」，其中花筋滾子肉，有的學者解作海參，有的學者解作灌腸，無論哪種解釋，這道菜對陽具的擬態都是十分鮮明的。「裂破頭高裝肉包子」分明是對女陰的擬態。此後倒酒的環節亦十分生動，其中「雞脖壺」、「腰州紅泥頭」、「滋陰摔白酒」還是「一股一股邈出」，胡僧最後還要「一吸而飲之」。這段文字對男女交合的擬態描寫可謂神乎其技，同時我們還可以發現這裡把性欲與食物聯繫在一起的依據是食物的外表形態，而非其味道。

雖然中國古代很早就把性欲與飲食掛鉤，但是並沒有明確的證據證明中國飲食文化中香料與性欲的關係。查閱史料、文人筆記和中醫典籍，氣味強烈的食物中僅有韭菜和花椒似乎與性欲有聯繫，其中韭菜主要用於「壯陽」，而花椒則是「滋陰」。韭菜「壯陽」的理由似乎是因其物態直挺不倒，而非氣味強烈，否則為何不將其他具有強烈辛香氣息的作物賦予「壯陽」的意義？花椒的「滋陰」也是由於其多子簇生的物態，被賦予了多子的含義，與石榴等物類似。也就是說，中國文化中將食物與性欲聯繫在一起的主要依據是物態，而不是香辛味。如腰果、泥鰍、牡蠣、各種動物鞭等在中國文化中被認為是壯陽的食物，都是因其外形，如腰果似腎，而中醫又認為腎與性功能有關。泥鰍善於鑽洞，牡蠣似女陰形，被認為可以滋陰，各種動物鞭則是人類文明中普遍的以形補形說法。中國傳統的食療體系中講究五行和陰陽的生化克制，辛味大熱，但不必然對應壯陽，因此傳統上中國飲食文化中認為的壯陽物並不一定是香辛料。中國民間認為的「滋陰壯陽」食物，主要依據的是食物外表的形態。這種思考方式反過來又影響了中醫的理論，也就是說，為了配合民間根據物態來判定食物是否有「滋陰壯陽」功效的文化範例，中醫對這些食物的性味判斷也往這方面靠，以期達到文化上的一致性。

因此現代中國文化中以「辣」作性欲的隱喻的文化範例，應是受外來文化的影響，而非本土文化的產物。包括前面提到的《牡丹亭・冥判》中的「辣椒花，把陰熱

1 《金瓶梅》二十卷，卷十，明崇禎刻本，頁三七三。

窄」，也應是受到外來文化的影響而產生的隱喻聯繫。

在目前可見的文獻中，香辛料與催情關聯最多的記載見於地中海沿岸的諸文明，尤其是黎凡特（levant）地區的文明，按照大致的時間先後順序是埃及文明、亞述文明、猶太文明，腓尼基文明（包括迦太基文明）、希臘文明（包括其殖民地）、羅馬文明，其中以腓尼基文明最為顯著。古代埃及文明的記載中香辛料與宗教神明的關係較為密切，但與催情和性愛似乎並沒有聯繫起來。腓尼基文明應該是最早創造出香辛料和性愛關聯的文明，而腓尼基人以商業和航海著稱，他們能夠接觸到比較多的香辛料，也大規模地從事香辛料的販運。腓尼基人對於香辛料的理解自然而然地影響了他們的鄰居，希伯來人、希臘人，以至於後來的羅馬人都很大程度上接納了腓尼基人對於香辛料的解釋。但腓尼基人留下的文字記載很少，他們雖然擅長於航海和商業，卻不喜歡記錄歷史，記錄腓尼基歷史的文獻主要來自希伯來人和希臘人的手筆。《希伯來聖經》中記載了腓尼基人對巴力（Baal）神的崇拜，其中提到了腓尼基人在飲用了香料浸泡的酒後，在神殿聚眾宣淫，取悅神明的場景。巴力神是腓尼基的主神之一，主掌土地豐饒和繁殖，取悅巴力神的方法之一就是性愛的宣示。希臘人傳承了腓尼基人對於香料的解釋，但是他們對這種解釋賦予了更多的哲學解釋。

辣味調味料的催情作用來源於人類最原始的直觀醫學見解，傳統的西方醫學的發端在希臘，希波克拉底為代表的古希臘醫學將人分為膽汁質、多血質、黏液質、抑鬱質四種類型。膽汁質的人熱而乾，多血質的人熱而濕，黏液質的人寒而濕，抑鬱質的人寒而乾。多血質的人性欲旺盛且生育力強，膽汁質的人性欲旺盛但生育力弱。古希臘醫學認為情欲的缺乏源於體液的失衡。在辣椒進入歐洲以前，人們一般認為生薑這種調味料是同時具備熱和濕的屬性的，因此有利於提振性欲和生育力。瑪格隆尼．圖聖．薩邁特在她的《食物史》中記載西非的奴隸販子給奴隸莊園中的「種人」餵食生薑，以增進其生育力。[2]

2 傑克．特納著，周子平譯，《香料傳奇：一部由誘惑衍生的歷史》，第二版，三聯書店，二〇一五年，頁二二〇—二二一。

辣的感覺很早就為各個文明的人們所熟知，只是在辣椒廣泛傳播之前，產生辣的植物在亞洲主要是薑、茱萸和花椒，在歐洲則是胡椒和丁香。辣椒以其強烈的辣味迅速奪走了原本屬於這些植物的性隱喻，從而變成了最新潮的「表徵體」。由此，我們不難理解為什麼美國有線電視台的收費色情頻道要叫做「spice network」（辣妹頻道）了，而標誌則形似一支小辣椒，帶有辛香的調味料在西方文明的語境下從來都是性隱喻的載體。在中國傳統的文化想像中，辛香料和性欲原本並無聯繫，但自傳入中國伊始，辣椒便已經負載著性隱喻的含義了，可見自明代中期以來外來文化就持續地影響著中國。另外，也不排除或許中國人在南洋聽聞了辣椒能夠促進性欲的傳聞而把這種植物引入中國的可能性。

根據網路流行潮語字典「Urban Dictionary」的解釋，chili pepper 一詞除了本義辣椒以外有以下幾種意義：指年輕熱辣的，穿著暴露的拉丁女孩；指 Red Hot Chili Pepper 搖滾樂隊組合；指非常性感美麗的女孩。[3] 中文網路語言中，辣椒的意指與英語差異不大，但除了外表的美貌、身材好的意味以外，還有性格上開放、果斷的意思。比如中文語境下的「辣妹」一詞，即有雙重的意義，是外來隱喻和本土類比隱喻的疊加。前文已經提到過，「辣」在中文中有爽朗、風流、狠毒、果斷的意思，但這些意義都是指性格上的，而不是外表的。英文中的 chili pepper 的隱喻意義主要是指外表的美好、穿著暴露、身材火熱的女性。現代中文中的「辣」兼有兩種意義，當我們說「辣手」、「狠辣」、「潑辣」的時候，偏重於本土的隱喻，即狠毒、果斷的意思；當我們說「熱辣」、「辣妹」的時候，則偏重於外來的隱喻。

3 *Urban Dictionary*, https://www.urbandictionary.com/，二〇一六年七月檢索。

第六節　掛一串辣椒辟邪

在中國大部分的鄉村地區，我們都對把辣椒掛在家家戶戶門口的圖景習以為常，以至於很多文學作品、影視作品當中，每當出現農家的影像時，總以一串紅辣椒掛於門口作為標誌。那麼這種風俗是如何形成的呢？為什麼能夠蔓延到全國範圍？

在門戶前懸掛氣味強烈的裝飾物是人類普遍的習俗。從歐洲到亞洲，從遠古到今日，我們都可以發現這種習俗的流傳。在歐洲，古羅馬人喜歡在農神節（大約在冬至前後，是古羅馬的重要節日）時在門口懸掛槲寄生，認為這樣做可以帶來安寧和愛，可以保護家人。凱爾特人認為槲寄生是男性生育能力的象徵，因為槲寄生有白色的漿果，類似於精液。古希臘人更是直接把槲寄生稱為「橡樹的精液」，且具有保護的神力，古希臘神話中，英雄埃涅阿斯手持槲寄生進入冥界。[1]這些習俗在基督教興起的背景下逐漸融合，後來演變為在耶誕節時在槲寄生下親吻。

不單單是槲寄生，還有好幾種植物被認為有保護家宅的作用，在歐洲的傳統中，冬青、常春藤都有這樣的效用，冬青通常作為友誼長存的象徵，而常春藤通常編成花環懸掛在門上，在古羅馬原本是作為酒館的標

美國霍皮族印第安人坐在門口，門口掛滿了辣椒。
底特律出版公司一八九八年印製的明信片，圖片來自維基共享資源。

誌，後來則有歡迎客人來飲酒狂歡的意思。在歐洲以外的地區，北非和中亞地區更喜歡懸掛大蒜，中亞是大蒜的原產地，人們認為在門口懸掛乾燥的大蒜有祛除邪祟的效果。大蒜傳入歐洲以後，更是被認為有驅逐女巫和吸血鬼的功效，直到現在在歐美很多民居門口仍可以見到懸掛大蒜。

中國也有類似的傳統，門口懸掛應時裝飾物是中國人很早就有的習俗，從文獻上看，早在漢時就已經有這樣的習慣，根據時令不同，懸掛的物件也有不同，如清明時分門上插柳，端陽時分門上懸艾草。端午節採艾懸門上以避邪氣習俗在晉代周處《風土記》中已見於記載，南朝梁宗懍《荊楚歲時記》亦有「採艾以為人，懸門戶上，以禳毒氣」。這種門口的懸掛裝飾與中國的歲時文化相關，表達辟邪趨吉的意象。古時秋收以後有將稻穗懸於門口，以慶賀豐收的習慣，筆者在鄉村調查所見的情況大致符

1 瑪莉安娜·波伊謝特著，黃明嘉、俞宙明譯，《植物的象徵》，湖南科學技術出版社，二〇〇一年，頁二〇七—二一二。

亞美尼亞人在門口懸掛的辣椒。
圖片來自維基共享資源。

合文獻的記載，根據時令懸掛裝飾物的習慣仍然保存至今，清明時的柳枝、端陽時的艾草和菖蒲都時有見到。

現在幾乎所有種植辣椒的地區都有把辣椒懸掛在門口的習俗，中國自不必說，伊朗、亞美尼亞、土耳其、敘利亞、義大利、西班牙、墨西哥、美國，這些地方都有把乾燥的辣椒懸掛在門口的習慣，且出奇一致地認為懸掛辣椒或者大蒜這一類氣味強烈的植物具有趨吉避凶的效用。可見歐亞大陸的居民們一旦獲得了辣椒，就很自然地把它與大蒜等氣味強烈的植物歸作同類，並賦予了它同樣的作用。

為什麼全球各地的人們會出現如此一致的行為？為什麼這些行為的文化意義如此地相似？

雖然缺乏明確的考古發現的支持，但我認為這種行為的出現與人類早期定居生活的方式有關，尤其是與人類半地穴式的早期住宅有關。我們知道，人類在狩獵採集時代基本上是居住在山洞中的，狩獵採集部落需要不斷地移動，因此也沒有建造永久住宅的必要。當人類開始進行農耕並漸漸地定居下來的時候，在平地上建造永久住宅就成為了必須。然而新石器時代人類的住宅是沒有窗戶的，大多數新石器時代的住宅是半坡遺址所復原的這種形制的，只在頂上有一個開口，在室內生火產生的煙霧可以出去，也可以讓光線進來。

可以想像，生活在這樣的住宅中大概是很不舒服的，空氣污濁潮濕、光線陰暗。當然，先民們選擇這樣的住宅首先是為了生存而不是舒適，這種半地穴式的房屋比較保暖，且能抵禦野獸的襲擊。《墨子．辭過》中說「古之民，未知為宮室時，就陵阜而居，穴而處，下潤濕傷民，故聖王作為宮室。為宮室之

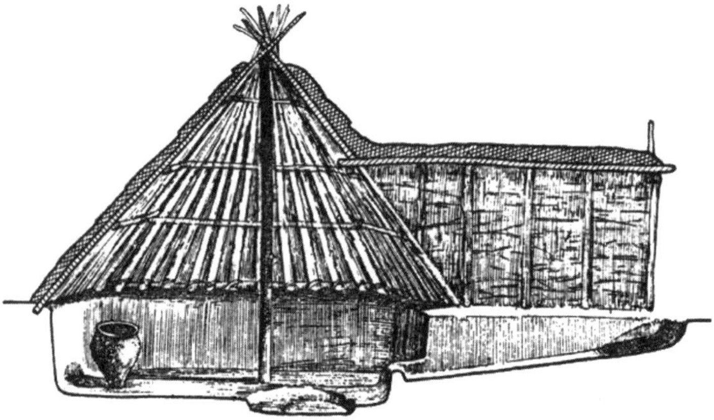

方形半地穴式房子復原示意圖。
圖片來自西安半坡遺址博物館網站。

法，曰：『室高足以辟潤濕，邊足以圉風寒，上足以待雪霜雨露……』」。

古代先民很可能為了改善室內的氣味，驅趕蚊蟲，而把一些具有強烈氣味的植物懸掛在室內和門口。久而久之，這種行為被賦予了越來越多的文化意義，從而成為了一種文化慣習。隨著人類居住條件的改變，高大的、帶有窗戶的住宅漸漸成為主流，懸掛這些植物的功能性意義逐漸淡化，因此作為文化慣習的懸掛物也被集中於體現出入分界的門戶位置，作為內部空間和外部空間的重要分界標誌而保留下來。不可否認的，在很長的歷史時間裡，甚至在當代，在門口懸掛這些氣味強烈的植物仍有一些功能性的意義——阻擋蚊蟲，以及想像中的各種不乾淨的東西。

在中國種植辣椒的地區，夏秋收獲辣椒以後會將乾燥的紅辣椒懸掛在門口，直到第二年春季以後才會取下，因此懸掛的時間比較長，容易給人留下深刻的印象，也有一些氣候比較乾燥的地區，有的農戶會將辣椒懸掛一整年，直到第二年秋收以後才換上新的辣椒。由於辣椒色作大紅，符合明清以來中國文化中以紅色為吉慶顏色的習慣，因此這種風俗迅速蔓延到全國，甚至在城市亦有以塑膠、化纖製成的辣椒形裝飾物售賣，門口懸辣椒成為了一種顯性文化定式，其背後的歲時文化傳統，反而不甚顯著了。

懸掛辣椒作為門口裝飾物的習慣也離不開中國風水文化的背書，辣椒色紅，在五行屬火，在五方屬南。中國傳統民居的門戶大多朝南開，因此門口懸掛辣椒也符合風水的解釋。但是完整的風水堪輿學說系統還需考慮主人的五行情況、職業情況等，同時也與陽宅的地理風水方位相關，嚴格地按照風水學來說，並不是所有的朝南大門都適宜懸掛辣椒，尤其是對於那些主人屬金、或者家中火屬性過旺的情況。但民間習慣往往將複雜理論簡單化，只要它能給自己的行為提供合理的解釋，給主人提供一定程度上的心理安慰。

門口懸掛辣椒還有辟邪的作用，民間對於氣味強烈的香辛料往往歸類於有驅蟲，乃至於辟邪的功效，如中古以前在門戶上懸菖蒲、艾草、茱萸等物，其起源可歸於驅蟲之效，五月因瘧疾叢生而被視為「惡月」，當以氣味強烈的藥物禳助。然而年歲日久，逐漸形成民俗以後，便有了精神上的辟邪意味。前文曾說中國傳統文化善於使用類推法將有相近特性的事物歸類，辣椒雖然傳入中國的時間較短，但其繼承的香辛料傳統卻綿遠流長，因此也被視為有辟邪之用。

第七節　南北差異

細細考究，我們會發現在廣袤的中國大地上，辣椒作為調味品有兩大派別，南方呈現出複雜的、混合的辣椒食用方式，而北方則呈現出單一的、純粹的辣椒食用方式。這種差異宛如中國的南北方的「鹹黨」、「甜黨」之分，其背後隱藏著中國南北方深刻的社會結構、地理條件、文化價值差異。

在世界飲食文化的版圖上，我們可以發現一個特點——東西方向也就是沿緯線方向的差異比較小，而南北方向也就是沿經線方向的差異則比較大。舉個例子，從鄭州到武漢，僅有五百公里左右的距離，然而一個是麥食飲食文化，一個是米食飲食文化，而從濟南到西安，將近一千公里的距離，飲食文化差異卻很小。由於同緯度的地區有著相似的氣候條件，因此作物類型近似，進而有相似的飲食文化與之適應的政治文化體系，反之，南北的氣候條件差異比較大，因此作物類型不同，進而其經濟形態則有根本差異，隨之帶來的是文化和政治體系的差異。

辣椒在中國南方和北方作為調味料的形態也有極大的差異。辣椒作為調味料，從加工的簡單到複雜依次是乾辣椒、辣椒粉、辣椒醬。生辣椒在製成辣椒粉的過程中，被乾燥、研磨，但一般未添加其他物質，是辣椒作為調味品的比較純粹的狀態，這也是辣椒在中國北方飲食中使用的主要狀態。生辣椒在製成辣椒醬的過程中，添加了其他物質，並被盛在人造的中介物中加以醃漬，因此是人為痕跡最重的一種烹飪方式。製成的辣椒醬，大部分情況下是一種發酵食品，在中國南方飲食中，乾辣椒、辣椒粉和辣椒醬都是經常使用的，但使用的場景略有不同。辣椒粉和辣椒醬都是辣椒的調味品形式，在不同地域的中國飲食中，有不同的叫法，一般來說辣椒粉、辣椒麵都是指辣椒乾燥研磨後的狀態；油潑辣子則是辣椒粉加入熱油、芝麻等物，也可以被歸類於辣椒粉。本節所謂辣椒醬是泛指的辣椒醬，包括豆瓣醬、剁辣椒、蒜蓉辣椒醬、甜辣醬等，它們共同的特徵是經過了不同程度的發酵，並與其他物質雜糅，這些辣椒醬中，如剁辣椒，僅僅添加鹽和水，輔以少許的其他香料，是比較純粹的辣椒醬。豆瓣醬、蒜蓉辣椒醬、甜辣醬中添加的其他物質比較多，是加工程度更高的辣椒醬。

中國南北的自然分界線是秦嶺—淮河一線，辣椒醬和辣椒粉的分野大致與此相同。西界秦嶺的地理分隔比較清晰，秦嶺以南的漢中盆地和四川盆地大致上以辣椒醬為多，關中平原則是辣椒粉的天下；東界淮河由於處在華東的平原地帶，地理阻隔並不明顯，南北分界就沒有秦嶺那樣清晰了，淮河兩岸辣椒醬和辣椒粉的使用幾乎旗鼓相當，不過大體上越接近長江則辣椒粉越少，越接近黃河則辣椒醬越少。

川菜中最重要的調味品是豆瓣醬，現在常見的四川豆瓣往往摻有辣椒，但是根據四川豆瓣生產廠商郫縣鵑城牌豆瓣醬生產企業的資料，四川豆瓣在咸豐年間「益豐和」醬園創辦之後才普遍地加入辣椒，此前的四川豆瓣原本是豆醬類型的一種，雖加入了其他香辛料，但是辣味並不突出。時至今日，我們仍可以從四川豆瓣的製法中發現其加入辣椒的軌跡，因其豆醬與辣椒醬在製作時是分開的。首先是製作甜豆瓣，將蠶豆脫殼、浸泡數日，然後拌入麵粉，蒸熟後加入米麴，晾曬發酵，便可製成甜豆瓣，這個製作過程就是一般豆醬的製作過程；然後是辣椒胚的製作，將紅辣椒清洗後拌入食鹽，軋碎後入大池發酵。四川豆瓣是將甜豆瓣和辣椒胚兩者混合，然後再次翻曬、發酵而成的調味品。在四川綿陽市區的調查中，當地人表示原來家中的辣椒調味料都是自家製成的，但是隨著城市化的進程，居民搬進樓房居住，原來製作調味料的條件已經沒有了，現在除了泡菜和油封辣椒這兩種比較簡單的辣椒調味料還是自製為主以外，其他調味料都要依賴購買。油封辣椒的製作方法是將生辣椒洗淨剁碎，加入鹽、蒜蓉、薑末，用燒熱的菜籽油封存起來，可以用於熱炒，也可以直接佐餐。泡椒的做法和一般的泡菜相同，當地人家大多自製。

在綿陽的郊區，筆者還是發現了農家自製的辣椒醬，在八月中旬以後，辣椒逐漸成熟變紅，當地農家將辣椒剁碎，拌入食鹽、蒜蓉、薑末等物，放進廣口的醬缸內，在戶外加蓋曬製半個月左右，製成當地特色的發酵辣椒醬。這種辣椒醬口味較重，晾曬時多次加入食鹽，可以保存一年以上。當地人說川菜百菜百味，實際上每家每戶的味道都不太一樣，可以說是百家百味，每家自製的佐料口味都有不同。筆者認為這主要是描述發酵的風味有所不同，由於自製醬料中發酵的微生物和環境條件都難以準確地控制，因此發酵生產的醬料口味都有細微的差別。當然在工業化生產的環境下這些細微的差異都會被抹消，這也是很多家庭懷念自製醬料的一個原因。

貴州的辣椒醬製作也用到了發酵的工藝，但是與四川不同之處在於辣椒發酵以後再加入滾油將微生物殺死，因此發酵的過程也在加入油以後結束。因此貴州辣椒醬製作時發酵的時間更長，而口味也比較穩定。需要特別注意的是，由於貴州是中國食用辣椒的起點，兼以貴州的地理環境特別割裂而相互隔絕，各民族呈犬牙交錯雜居分布，貴州吃辣的形式也是極為多樣的。除了製作濕態的辣椒醬以外，貴州也有很多食用乾辣椒的方法，黔東南山地居民常有將乾辣椒烤脆，然後搗碎拌食的食用方法。蘸水也是貴州食用辣椒常見的形態，即以乾辣椒碎末加入鹽、花椒、胡椒等各種香辛料，直接蘸食或者加入熱湯或熱油蘸食。貴州食用辣椒的方式深刻地影響了周邊省份，油辣椒和辣椒糍粑對四川的影響很大，醃辣椒和鮮食辣椒對湖南的影響很大，糊辣椒和辣椒蘸水對雲南的影響很大。

筆者的外婆是湖南長沙人，她在世時一直親手製作剁辣椒，她製作的剁辣椒實際上是一種泡椒，經過短暫的發酵而略帶酸味，有點類似日本的「一夜漬」泡菜。在我的記憶中，外婆製作的剁辣椒是與市售的剁辣椒略有不同的。我的外婆製作的剁辣椒比較濕潤，辣椒的含水量高，因此入口有爽脆甘甜的感覺。選用的辣椒品種也多是紅而不辣的，因此適合全家人吃。由於醃製時間比較短，鹹味和酸味都不重。隨著外婆的故去，媽媽也沒有傳承外婆的手藝，於是家裡的剁辣椒失蹤了很長一段時間，直到近幾年來超市貨架上出現了罐裝的湖南產剁辣椒，筆者才試著重新撿回童年的味道，不過也許是現代工廠無法呈現出傳統的家庭風味，也可能是筆者的味覺記憶僅僅存在於回憶中，罐裝剁辣椒的滋味始終是似是而非的兒時回憶。

辣椒傳播到四川以後，大約在清嘉慶年間已經擴散到漢中地區，漢中是中國南北之間的過渡地帶，地形上有「兩山夾一川」的特點，即北橫秦嶺，南臥巴山，漢水中流。漢中的飲食文化有「亦秦亦蜀」之稱，古代常言漢中「風氣兼南北、言語夾秦蜀」。這種「亦秦亦蜀」的特點也體現在辣椒調味品上，漢中地區同時使用辣椒醬和辣椒粉，漢中特產的辣椒醬叫「搨辣子」，係將辣椒及生薑、大蒜等原料放在石臼裡，用石杵搗碎（即「搨」）而成。漢中同時也產辣椒粉，即以線椒研磨成粉，使用時以熱油潑之，製成油潑辣子。兩者使用上的區別在於搨辣子可用於拌飯、拌麵或者炒菜，而油潑辣子則用於拌涼菜、拌麵或者添加在熱湯麵中。不過在漢中的日常生活當中，兩者的區分並不特別顯著，經常有混用的情況，並不一定是米飯炒菜必須用辣椒醬，而麵食涼拌則必須用辣椒粉，只是習慣上辣椒醬與飯、辣椒粉與麵是較為常見的搭配，當地餐館往往會在餐桌上準備兩種調料以供選擇。漢中的情況是中國南北交界地帶的代表，秦嶺—淮河一線的地區都有類似的飲食圖景，這些地區米食與麵食都很常見，而調味品也兼具南北的特色。

清代漢中地區在接受了辣椒作為飲食中的重要組成部分以後，迅速地將這種新的調味副食品用於當地廣泛食用的麵食之中，從而具備了進一步向北擴散的飲食基礎，但是嘉慶年間的辣椒種植仍受限於氣候條件，難以擴散到秦嶺以北地區。同治年間，已經有近百年辣椒種植經驗的四川地區培育出了適合在溫帶地區種植辣椒新品種——線椒，線椒的出現使得辣椒得以突破氣候的限制，可以在中國廣大的北方地區種植，賦予了辣椒進一步向北擴散的新動力。光緒年間，辣椒終於突破了秦嶺的天然氣候阻隔，在關中地區廣泛種植，從而成為了陝西飲食文化的重要組成部分。

陝西是中國西北地區食用辣椒的重要節點，也是辣椒傳入中國後傳播上的一個里程碑。辣椒傳入中國以後，基本上都在長江流域和沿海地區傳播，辣椒進入中國飲食中後，以貴州為起點向周邊省份擴散，但接受辣椒的省份大多以米食為主，辣椒在北方麵食地區的傳播要晚於在南方米食地區的傳播，而陝西則是辣椒在北方傳播的重要起點。辣椒進入陝西關中地區以後，其食用的方式出現了一些新的變化，更加符合與麵食的搭配，如一般以油潑辣子的形式添加到麵食中，或者用於蘸食。與南方普遍使用的辣椒醬有很大的不同，南方使用辣椒一般加入大量的鹽，並且加入蒜、薑等其他調味料，但是陝西使用辣椒往往是單獨一味，並不與其他調味料混合。陝西食用辣椒的基本形態是辣椒粉，而南方地區往往是切塊、剁碎、醃漬食用，當然，線椒肉厚、含有更多油分的特性也更適合用來製作辣椒粉，即乾燥後研磨成粉的製法。如果我們說辣椒在貴州進入中國飲食是一次劃時代的創舉，那麼在陝西的關中地區，辣椒得以進入以麵食為主的北方飲食中，則是辣椒進入中國飲食的又一次重大歷史事件。辣椒進入關中地區以後，出現迅速向西擴散的態勢，陸續在同治、光緒年間出現在寶雞、天水、隴西、蘭州、武威、張掖、玉門、瓜州的方志中，在光緒、宣統年間出現在新疆哈密、吐魯番、迪化的方志中，即十九世紀的下半葉完成了從陝西向甘肅、新疆的擴散。同時，辣椒也迅速地突破了民族的界限，從漢人的飲食中擴散到以回族為代表的中國穆斯林飲食中，這與西北地區漢回長期雜居的民族分布態勢是密切相關的。需要注意的是，西北地區的辣椒在飲食中的應用，一直以辣椒粉的形態為絕對主流，與南方的辣椒使用形態有重大的分別。南方的辣椒醬、辣椒醃製品的形態使用，與米食有密切的關聯，亦受到氣候條件的影響（高溫、潮濕有利於辣椒的發酵），而西北的辣椒粉形態使用，則非常適合添加在麵食、肉食當中，同時也是西北氣候乾旱、氣溫較低的條件影響所致（利於製作辣椒粉，且在乾燥條件下的辣椒粉能夠長期保存）。

除了食辣的核心區域川、黔兩省，辣椒在西南方向上的傳播速度也非常快，到乾隆年間，雲南的昭通、曲靖、昆明、玉溪、楚雄地區陸續都出現了種植和食用辣椒的記載。也就是說占據雲南往內地商路通道的漢族、苗族、瑤族、壯族很快地接受了辣椒飲食，並開始向西北方向的彝族、白族、納西族聚居地區傳播。辣椒在雲南的傳播進入西北山區以後，即從大理、麗江方向向迪慶和怒江的傳播開始變得比較緩慢，主要是地理障礙的關係使得商路傳播受到阻礙。因此迪慶的藏族的辣椒飲食是非常晚近的事情，主要受到的是來自康區和藏區腹地的影響。境內食辣飲食的傳播在西南方向上同樣受到了阻礙，以玉溪、石屏、建水、元陽一線為界，中國境內的辣椒飲食傳播基本止步於此。現今雲南流行的「傣味」食辣傳統主要是域外飲食文化傳入。

雲南食用辣椒的主流方式是「蘸水」[1]，即以辣椒和其他香辛料磨成粉狀，加入鹽，在食用時蘸取。雖然名為「蘸水」，但實際是一種以辣椒粉的形式存在的調味料，有些地方會在食用時加入油或水調和。這一特徵與四川、貴州的辣椒醬食用方式有差異，也與西北的辣椒粉食用方式不同。首先雲南蘸水是乾燥的，並且加入了大量其他佐料，從乾燥的特徵上看似乎類似西北，但西北純用辣椒粉，從添加其他成分的特徵上看又類似四川和貴州的辣椒醬，但川黔卻以濕態為主。雲南蘸水很可能受到了貴州和四川的影響，因此慣於在辣椒中添加其他佐料，但是雲南的氣候與貴州和四川有很大的差異，雲南的日照時間比較長，氣候較川黔兩地乾燥，便於製作和保存乾燥的辣椒，且雲南的商路大多是山路，運輸比較困難，因此以乾燥的形式運輸較為方便。故而形成了雲南獨特的乾燥、複合味覺的辣椒食用特徵。

通觀中國各地的辣椒調味品，我們可以迅速地發現南醬北粉的特色，即南方一般以辣椒醬為主，輔以乾辣椒，複雜紛繁；而北方使用辣椒的方式則是以辣椒粉居多。出現這種特色的原因，除了筆者之前已經提到過的氣候、地理環境的因素，還存在著

1 實際上，整個西南地區普遍地使用以辣椒粉為主的「辣椒蘸水」這種調味方式，這裡突出雲南，是因其較有典型意義。

文化上的隱喻。

南方的辣椒醬往往採用了古已有之的製醬工藝，如豆瓣醬是在豆瓣製成之後加入辣胚，而剁椒、泡椒則採用了傳統的醃漬工藝。北方的辣椒粉、油潑辣子則是基於辣椒的特性而產生的全新的調味品，不基於以往的調味品工藝。基於這些特徵，我們可以歸納為南方雜糅，而北方純粹。

南方的辣椒醬是高度複雜的醬料，由於原材料的多樣化和製作工藝的複雜，容易形成差異的口味，也就是說每個地區都有自己獨特的祕方，生產出來的辣椒醬口味都不太一樣，甚至在四川有百家百味的說法。其中最主要的原因是辣椒的發酵是一個難以準確控制的過程，從而產生了變化多樣的風味。就如法國人說不同產區的葡萄酒自帶當地的風土（terroir）味道一樣，辣椒醬也有著自己的風土味道。每個地方農作物產品特徵的自然環境因素的加成便是這一地的風土，風土難以測量，但是老饕們一定能用舌頭嚐出來。影響南方複雜的辣椒醬口味的不止是地理環境因素，就如中國南方複雜多變的語言一樣，每個區域都有自己獨特的飲食風格，這些不一致的人為因素和製醬傳統創造出與之相應的風味各異的辣椒醬。南方生產辣椒醬的工藝，很多是源自於其舊有的發酵工藝傳統，如豆瓣醬的製作承襲了原有的豆醬製作傳統，而泡椒的製作則承襲了原有的泡菜醃製傳統。這些地方風味調味品的製作被轉移到了辣椒醬的製作上，因此南方辣椒醬的製作也承襲了原有醬料製作的家庭傳統和女性傳統。在四川、貴州、廣西等地，傳統的辣椒醬製作基於一家一戶一口醬缸的模式，是家庭生產的經驗。在這個過程中，家庭中的女性扮演了重要的角色，製作醬料的配方往往由女性傳承，而製作的手工過程也以女性為主導。同時，每家每戶的加蓋醬缸也隱喻這是一個家庭的私密領域，當友鄰之間相互贈送自製辣椒醬時，表達的是一種私人領域的共享，從而得以拉近贈送者與受贈者之間的人際關係。

中國北方的語言是高度統一的，地貌則以便於交通的平原和高原為主，而北方的辣椒粉也如北方的地貌和語言同樣一致，北方的辣椒粉的生產是大規模的，以男性為主力，是一個公開的過程。在青海循化縣，辣椒的種植和辣椒粉的生產是一個規模宏大的產業，也是這個縣的重要經濟農產品之一。數千平方公尺的晾曬場上一片紅彤形的景象，工人操作機器翻曬辣椒，這樣的場景在南方是少見的，北方辣椒的生產是一個村莊的公共領域，這裡沒有每家每戶獨特的辣椒製作技藝，取而代之的是在辣椒粉生產環節中細緻的分工與合作。這種辣椒粉的生產模式是與北方的地理條件密切相關的，由於中國北方的交通比較便利，因此各地區較為專注於本地區優勢的農產品，而不像南方的農村那樣自給自足。這種地理條件造成了一系列的經濟和社會特徵，個體的特徵較不顯著，而集體的意識則較為濃厚，容易形成統一的企業、合作集團乃至於大一統的政權，較難產生割據的局面和獨特的地方文化。北方的辣椒粉生產是高度一致的，其產品的使用也是較為簡單的，辣椒粉在食用前一般會加入熱油製成油潑辣子，這種油潑辣子被應用於拌麵、蘸料，除了在燒烤肉類的場合，很少被加入烹飪的過程。北方對辣椒粉的使用是較為獨立的，很少與傳統的豆醬、腐乳等製作工藝結合，而是一種新創的應用方式。

南方與北方對辣椒的加工方式和食用方式的迥異，體現了南北方基於各自的地理條件基礎而衍生出的一系列自然與人文特徵。體現在南方的辣椒醬和北方的辣椒粉上，則是辣椒醬的複雜對應辣椒粉的單一；米食對應麵食；個體對應集體；融雜對應獨立；私密對應公共；女性對應男性。究其根本，辣椒醬與辣椒粉所體現出來的南北方差異，其背後是南北方自然條件與人文精神的根本差異，這種差異性在許多方面都有體現，辣椒醬與辣椒粉的差異不過是其中之一。

現代化的調味品生產正在席捲中國各地，遍及南北各地的高速公路和鐵路大大弱化了地理的區隔。原本風味各異的，產自中國遼闊國土上各種獨特的地理條件和人文風情的調味品，正在被大型企業生產的標準化產品所取代。正如二十世紀九〇年代以來各家各戶的家製調味品被各地的小型手工作坊取代，而近十年來這些小型手工作坊正在被更大的全國性企業所取代。日益嚴格的食品安全標準也使得小型手工作坊越來越難取得生產許可，全國性的物流網路也使得大型企業的生產成本遠遠低於小型手工作坊。這一系列情況使得小型手工作坊的產品在市場上越來越缺乏競爭力，而大型企業也的確能夠生產出品質很高且門類繁多的調味品。飲食的現代性[2]幾乎是一件沒有回頭路的事情，隨著城市化程度的日益加深，占人口多數的城市居民離自給自足的田園生活漸行漸遠，而將來的中國人也許再也難以尋回曾經帶有濃厚地方風情的特色辣椒醬。

中國的南方與北方都在共同經歷飲食的現代化進程，這一過程伴隨著地方風味的抹消和傳統的流逝。但是對於本來就高度一致的北方辣椒粉來說，其傳統的損失不如本來差異顯著的南方來得更突出。占據壟斷地位的產品和企業一旦出現，那麼它對傳統的吞噬也是難以阻擋的。

2 現代性即英文 modernity，在本文中尤指傳統與現代的文化斷裂。在中國的語境下，現代性是構建在對傳統文化的批判和理性反思的基礎上的；對飲食文化來說，是工業化和商品化的飲食與傳統飲食之間的對立。

第三章

辣椒與階級

第一節　中國飲食文化的階級譜系

辣椒與中國的階級飲食偏好有著密不可分的聯繫，無疑，辣椒曾是一種底層大眾的口味，然而這種平民口味是怎樣翻身成為了當今中國的主流呢？中國自辛亥革命以來的不斷變革對這種改變有沒有推動作用呢？近三十年來，辣味為什麼越來越普及了呢？

以往對中國飲食的劃分一般以地域為分類的依據，諸如所謂「四大菜系」、「八大菜系」，這種劃分是以清末以來，近代工商業城市興起之後的地方口味差異作為依據的。「四大菜系」的雛形可見於清末徐珂所著的《清稗類鈔》「肴饌之有特色者，為京師、山東、四川、廣東、福建、江寧、蘇州、鎮江、揚州、淮安」。[1] 在《清稗類鈔》飲食類的描述中，常見將京師、山東合稱，即為京魯菜，四川則為川菜，廣東、福建合稱為粵閩菜，江寧、蘇州、鎮江、揚州、淮安則並稱為淮揚菜。據之整理為四大菜系——魯、川、粵、淮揚。一九八〇年六月二十日，《人民日報》刊登的汪紹銓的文章〈我國的八大菜系〉，是為「八大菜系」之始，文章中是這麼說的：我國的烹飪技藝，長期以來逐漸形成很多菜系、幫別和地方風味特色。全國聲望較高的菜系，有山東、四川、江蘇、浙江、廣東、湖南、福建、安徽八地，統稱「八大菜系」。[2]自此開始有了「八大菜系」的說法，後來由於經濟利益的影響，除了魯、川、粵、淮揚這四系比較穩定以外，其餘四系各有不同說法。筆者認為中國菜還應該從品味懸殊的角度重新作區分。中國漫長的歷史中，形成相對固定的階級區分，不同階級的飲食品味、價值取向和飲食儀軌都截然不同，地域口味差異僅僅在「江湖菜」中有較強的體現，廟堂之上的「官府菜」崇尚中正平和的口味，並沒有太強的地方口味；而中國進入現代化階段以前的平民大眾用於餬口飽腹的「庶民菜」，常常是鹹菜配粥，大蔥就餅，也談不上什麼口味。

文化是有階級性的，飲食文化更是如此，它的階級性是如此突出，以至於身為皇帝的晉惠帝能說出「何不食肉糜」這種話。雖然勞動人民生產了食物，也發明出食物最基本的烹飪方法，但是將飲食上升為一種文化，追求飲食的進一步發展，主要是依靠中國歷代的貴族，而不是平民百姓。孔子說「食不厭精，膾不厭細」，講的就是精緻的飲食是上層社會的標誌。李安的電影《飲食男女》中大廚老朱有一句很經典的台詞「人心粗了，吃得再精有什麼用」。也說的是貴族飲食傳統，還得靠有閒有錢的貴族來傳承，貴族的氣度丟了，那麼精緻飲食不過是徒有其表。

飲食文化是有豐富與貧乏之分的，掌握了更多生活資料和社會資源的上層，自然能夠發展出更為豐富和有系統性的飲食文化，且能夠代代傳承。貧苦大眾能夠果腹就已經竭盡全力，哪裡還有閒情逸致去分辨食物的好歹精粗？在中國進入現代世界以

1 徐珂，《清稗類鈔》，飲食類二，《中國哲學書電子化計畫》https://ctext.org/wiki.pl?if=gb&chapter=269078&remap=gb#p38。

2 汪紹銓，〈我國的八大菜系〉，《人民日報》，一九八〇年六月二十日，第四版。

前，可以簡單地把中國社會分為「耕種的人」和「受供養的人」，商人階層還沒有大規模地出現，因此也不存在現代社會中所謂的「中產階級」，飲食文化的主要傳承者就是受供養的官紳士族以及皇家。中國自清末進入現代世界以後，聚集了大量非農業人口的工商業城市開始出現，同時也產生了現代中國飲食文化的創造者和消費者——現代城市居民，這些人顛覆了傳統的中國飲食文化格局，在原來兩級分化的庶民菜與官府菜之間，嵌入了一個新的江湖菜，並且在兩個方向上吸收內容，使之成為現代中國的主流飲食文化。

我們先來看看中國進入現代世界之前的貴族飲食文化。

前面提到了《論語》中的一段話——「食不厭精，膾不厭細。」這段話出自〈鄉黨〉，後文連續有八個「不食」，前五個是：「食饐而餲，魚餒而肉敗，不食。色惡，不食。臭惡，不食。失飪，不食。不時，不食。」意思大概是：主食焐餿了，魚和肉腐敗了，不吃。沒有達到腐敗的程度但是顏色和味道都變了，不吃。烹調沒有掌握好，不熟或過熟了，不吃。五穀未成，果實不熟，不吃。這五「不食」很容易理解，變質的食物不能吃，烹調不好，食材不合時令，品質不好，也不要吃，這些都出於健康的考慮。後三個「不食」是：「割不正，不食。不得其醬，不食。肉雖多，不使勝食氣。唯酒無量，不及亂。沽酒市脯不食。」意思大概是：割肉不正，不吃，吃肉配的醬沒有備好，不吃。吃肉不要多過吃主食，酒不限量，但不可醉亂。市場上買的酒肉，不吃。後三「不食」就很講究了，沒有醬，切得不整齊，不吃買的酒肉，這不僅僅是健康的考慮，還有更深層次的原因。

對比一下《論語》其他篇章提及飲食的片段，〈學而〉：「君子食無求飽，居無求安。」〈雍也〉：「賢哉！回也。一簞食，一瓢飲，在陋巷，人不堪其憂，回也不改其樂。」前一段說君子不求安飽，是專志於學而不暇顧及生活細節。後一段讚賞顏回，對貧窮的生活處之泰然。似乎孔子在〈鄉黨〉中對飲食的講究，並不與《論語》其他篇章一致。其實孔子對於飲食是有著兩重標準的，一個賢達的人在私下裡應該儉樸，專心於學習和國家大事，不該對飲食過分講究。但是作為一個有社會地位的人，在出席正式場合的時候應該有規矩，飲食絕不能馬虎，禮儀上要求的餐飲規格一定要達到。眾所周知，孔子畢生的追求是「克己復禮」，在飲食方面也是如此，私底下君子要約束自己的欲望，儉樸飲食，即是「克己」；而在公開場合，尤其是在禮儀場合，君子要捍衛禮儀，必須要求飲食的規格，即是「復禮」。理解了這兩個方面，就不難解釋為什麼孔子在〈鄉黨〉中對飲食如此講究，而在其他篇章中不甚重視了。「克己」和「復禮」說起來好像是很遙遠的事情，但我們在日常生活中亦會實踐，比如平時我們在家吃飯，碗筷略有破損，仍然使用，這是儉樸；但是宴客的時候還把這些破損的餐具端出來，那就是無禮了。宴客時不必有多得吃不完的菜肴，也不必追求菜品的過分昂貴，更不要端出什麼奇奇怪怪的令人不悅的東西，但要杯盤整潔，席面有致，便是對客人的尊重，也是對自己的尊重。

中國自有皇帝以來，貴族的飲食傳承便分為兩派，一派是皇家，一派是世家。這兩者的政治勢力此消彼長，時強時弱，總體來看是皇權日益強大，世家日益沒落，尤其是有了科舉以後，平民也能憑藉讀書上升為官紳，不免給上層的飲食文化帶來一絲庶民的氣息。不過科舉取士中真正來自平民的讀書人並不多，能夠有錢有閒讀書的，並且在官場上得到扶持照應的，還是來自官紳家庭的子弟。皇宮有御膳房，貴族則有家廚，從《紅樓夢》中我們可以看到，貴族是非常講究飲食的，而且每家恐怕還有一兩道取悅賓客的絕技，比如賈府的「茄鯗」，王熙鳳對劉姥姥說的做法：「你把才下來的茄子把皮劉了，只要淨肉，切成碎釘子，用雞油炸了，再用雞脯子肉並香菌，新筍、蘑菇、五香腐乾、各色乾果子，俱切成釘子，用雞湯煨了，將香油一收，外加糟油一拌，盛在瓷罐子裡封嚴，要吃時拿出來，用炒的雞瓜一拌就是。」[3]

這道菜很有意思，鯗本是剖開的鹹魚之義，泛指鹽漬的下飯菜。鹹菜就飯本是平民的吃食，但這裡卻用了「十來隻雞來配他」，使得這菜「雖有一點茄子香，只是還不像是茄子」。也就是說，貴族的飲食原本脫胎於庶民的日常，茄子本不是貴重之物，但卻用精貴的食材穿鑿炮製成「茄鯗」，使之脫離了平民的消費能力，成為了貴族的獨門祕訣。

3 曹雪芹，《紅樓夢》，人民文學出版社，二〇〇八年七月北京第三版，頁五四八。

《隨園食單》中有一味「王太守八寶豆腐」也是賤物貴做的範例：「用嫩片切粉碎，加香蕈屑、蘑菇屑、松子仁屑、瓜子仁屑、雞屑、火腿屑，同入濃雞湯中炒滾起鍋。用腐腦亦可。用瓢不用箸。孟亭太守云：『此聖祖賜徐健庵尚書方也。尚書取方時，御膳房費銀一千兩。』太守之祖樓村先生為尚書門生，故得之。」[4] 夏曾傳補注說，豆腐可貴可賤，天天吃王太守豆腐，恐怕連太守都吃不起，但這個菜單從徐尚書傳到王太守，再傳到袁枚手上，恐怕已經不真實了，就這幾句話，哪裡用一千兩銀買。貴族之間相互交換菜譜，是常有的事情，出自御膳房的菜譜也所在不少，但是真偽難辨。徐尚書花了一千兩銀買食譜，夏氏有疑，筆者認為徐尚書恐怕也不是付食譜的錢，清代內臣喜歡巧立名目敲詐大臣，康熙皇帝也許說了賜食譜予徐尚書，內臣趁機敲了筆竹杠，徐氏也樂得巴結內臣，一個願打一個願挨。

官府菜在中國由來已久，除了宮廷御膳，還有各種衙門的公務宴請，迎來送往的規程。清帝退位以來，官府菜並沒有隨之式微，民國時期北平要人推崇的是「譚家菜」。「官府菜」是有一些特點可循的。首先是注重套路，袁枚在《隨園食單》裡寫過「今官場之菜，名號有十六碟、八簋、四點心之稱，有滿漢席之稱，有八小吃之稱，有十大菜之稱，種種俗名，皆惡廚陋習」。[5]當今注重套路的宴席也不少，比如有八冷八熱、一魚四吃、四菜一湯等等，這些都是套路。為的是迎來送往的場面，往往還要等到全部菜上齊才動筷，座位次序也很講究。這種宴席不是為品味食物而設的，而是為了完成一個「套路」。從飲食人類學的角度來看，這是一套飲食儀軌，[6]也是階級分野的標誌。

官府菜的第二個特點是味道偏向最大公約數，即偏於濃厚鹹香，口感軟糯，不明顯地偏向地方特色，即不會太鮮、不會太辣、不會太甜。濃厚的菜上桌比較有賣相，比如說五柳炸蛋、紅燒肉；鹹香的菜大部分中國人都不會拒絕，比如說煎黃魚、炸排骨，可以滿足南來北往的差旅需要。官府菜的菜肴往往烹飪得比較酥爛，很適合年紀

4 袁枚、夏曾傳，《隨園食單補證》，浙江人民美術出版社，二〇一六年，頁二二一—二二二。

5 袁枚，夏曾傳，《隨園食單補證》，浙江人民美術出版社，二〇一六年，頁二二一。

6 飲食儀軌指飲食的禮儀規矩，尤其強調禮儀的整體性和一致性，比具體的餐桌禮儀含義要廣。

大、牙口不好的人吃。根據考古研究成果，我們發現古人的牙齒遠不如現代人，往往到了四五十歲一口牙就掉得七七八八，做官的人年齡不會太小，因此菜肴酥爛一些才比較容易吃下去。在選料上，官府菜往往不選用較為特殊或者容易引人反感的食材，比如不用內陸地區比較少見的海鮮、不用讓人不悅的臭豆腐、牛蛙、鱷魚、狗肉等等。也就是說，「官府菜」只採用最常見的，最不容易引起爭議的食材。

官府菜的第三個特點是善於使用乾貨，並且採用較為奢侈的烹飪方式。比如說料理魚翅、海參、燕窩這幾樣東西，向來就是北京譚家菜的拿手好戲，用十幾隻雞燉出來的高湯吊，成本很高昂，一般的老百姓消費不起。當今的婚宴上往往也有魚翅、海參一類的菜肴，由於不捨得下本錢烹製高湯，很多飯店烹飪得不佳，婚宴結束後剩下很多，可見這種菜不是口餐的，而是用來目餐的。[7] 菜品講究排場，這種風氣是由官府菜肇始的，是社會下層民眾對上層精英的模仿，爾後民間的婚宴也承襲了，因此婚宴也具有官府菜的某些特色。

南北兩個譚家菜，其實就是不同地域的「官府菜」的最佳代表，北譚家是清末的廣東籍官員譚宗浚、譚篆青父子，雖然居住在北京，但是取材頗有粵菜的特色；南譚家是譚延闓的家菜，譚延闓字組庵，因此他家的菜往往又稱為組庵菜。二十世紀二〇年代從業於長沙奇珍閣酒樓的江金聲曾經記錄下一份譚延闓家的宴席菜單，如下：

四冷碟：雲威火腿、油酥銀杏、軟酥鯽魚、口蘑素絲
四熱碟：溏心鮑脯、番茄蝦仁、金錢雞餅、雞油冬菇
八大菜：組庵魚翅、羔湯鹿筋、麻仁鴿蛋、鴨淋粉鬆、清蒸鯽魚、組庵豆腐、冰糖山藥、雞片芥蘭湯
席面菜：叉燒乳豬（雙麻餅、荷葉夾隨上）
四隨菜：辣椒金鉤肉丁、燒菜心、醋溜紅菜苔、蝦仁蒸蛋
席中上一道「鴛鴦酥盒」點心

7 口餐、目餐之語出自《隨園食單》，指食物用來擺排場的作用強於食用的價值。

席尾上水果四色。[8]

組庵菜系中，最出名的當為「組庵魚翅」（一說是「組庵玉結魚翅」）和「組庵豆腐」。「組庵豆腐」一饌，據傳發明創始人為楊翰（號息柯，宛平人，清末曾任永州知府，善書法，愛與文人學者往還，曾經手修復長沙賈太傅祠和定王台），組庵菜是繼承了楊翰的製作方法，並加以發展的。

北京譚家菜的傳承沿襲了廣東由妾侍主持中饋的做法，最早由譚篆青的如夫人趙荔鳳（廣東順德人）主持，後由家廚彭長海傳承。他主持的燕翅席菜單如下：

六熱碟：叉燒肉、紅燒鴨肝、蒜蓉干貝、五香魚、軟炸雞、烤香腸

八大菜：黃燜魚翅、清湯燕菜、原汁鮑魚、扒大烏參、草菇蒸雞、銀耳素燴、清蒸鱖魚、柴把鴨子

湯：清湯哈士蟆

甜菜：核桃酪（隨上麻蓉包、酥盒子甜鹹二點心）

席尾四乾果、四鮮果（隨上安溪鐵觀音茶一道）。[9]

比較南北兩個譚家菜，我們不難發現儘管出自的地域不同，一個是廣東籍官員在北京的官府，一個是湖南籍官員在南京的官府，兩者的烹飪手法和選材卻有很多相似之處。首先是烹飪上善於使用紅燒、軟扒、高湯、酥炸的手法，手法比較複雜，未經長期訓練的廚師難以掌握；選材上善於使用魚翅、海參、干貝、乾鮑等昂貴的海味乾貨，也有松茸、銀耳一類的山味乾貨。其餘的蔬菜和肉類都是比較常見的豬肉、牛肉、羊肉、菜心、菜苔、鱖魚、雞等食材，沒有特別奇特的食材。從口味上來說，北京譚家菜更尊重食材的原味，調味品除了鹽以外，主要靠高湯提鮮；湖南譚家菜更注

8 范命輝，《湘菜譜》，湖南科學技術出版社，二〇一二年，頁九。

9 朱偉，《考吃》，中國人民大學出版社，二〇〇五年，頁二五一。

重調味，但是從菜式上看，味道偏甜、鹹，沒有刺激性的味道。

中國是個地域遼闊的國家，官府菜的形式在各個地方可能略有不同，但其精髓不外乎就是講套路、味道和取材中庸、菜品擺排場。它的優點則在於善於使用名貴食材，味道能被大多數人接受。「官府菜」沒有特別突出的個性，但對於天南地北赴任的官員和隨從，特色不突出的菜式往往是最容易適應，迎來送往中最不容易出差錯。但是官府菜的傳承在二十世紀四〇年代以後遭受重創，當今官府菜只剩下國宴尚有成體系的傳承，其餘的官府菜只殘存一些片段，不成一個完整的體系了。

綜合來說，中國飲食的階級分野和特徵可見下圖：

其中宮廷菜和世家菜屬於官府菜的範疇，商人菜和庶民菜屬於江湖菜的範疇，而文人菜介乎兩者之間。

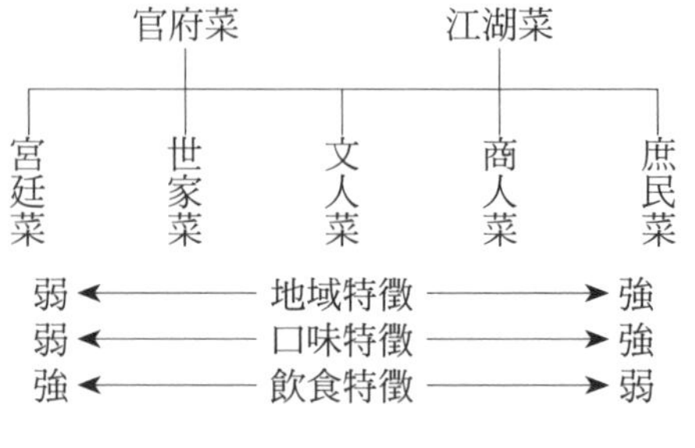

中國飲食的階級分野和特徵

辛亥革命以後，宮廷菜和世家菜的廚師有不少人離開了原主人的府邸，開辦了一些面向上流社會的餐廳，如駐藏幫辦大臣鳳全的家廚李九如在成都開辦了聚豐園，譚延闓的家廚曹藎臣在長沙開辦了健樂園，開啟了官府菜進入大眾視野的先河。一九四九年以後，更多的官府菜廚師融入了民間，雖有一些零星的官府菜得到了傳承，但原有的體系已經被打碎，致使中國的飲食文化呈現出碎片化的狀態。這種碎片化的飲食文化結構對一九七八年以後的中國飲食文化有深遠的影響，當中國飲食文化重新建立起新的體系時，原有的傳承體系已不復見，只有碎片化的飲食文化片段得到了重新利用。

如果打一個不太貼切的比方，那麼原來的中國飲食文化就好比一套四合院，有正房、跨院、影壁、東西廂房、倒座房，如同飲食文化中有各種階級、地域、體系的傳承。後來，就好比把四合院的房子全部拆散了，原來的結構蕩然無存，但是當我們重新在原址上建起一座新樓時，使用了很多原來的磚塊，這些磚塊就是原有的菜式做法和片段化的儀式、習俗，然而在新建樓房時，大廳也許用原來來自影壁的磚塊，也可能用了原來跨院的磚塊，把原來並不屬於同一結構的磚塊拼湊到了一起，形成了新的結構。這就是中國飲食文化近百年來最顯著的特徵，即打破原有結構，使體系碎片化，再重新構成新的結構，我們可以在一些片段上依稀看見以往的痕跡，但通觀整體，再也不是以前的那個四合院了。

第二節　庶民的飲食

在中國漫長的歷史中，平民百姓長期在溫飽線上掙扎，地主的租，朝廷的稅，地方上的各種攤派，都是農民身上沉重的負擔，歷史上中國農民即使有能夠吃飽的時候，也不會吃得太好。辣椒自從進入中國飲食，便是平民的恩物，價廉味重，下飯再好不過。

前文說了王公貴族的飲食，這裡再說說另一個極端——庶民的飲食。《孟子．梁惠王上》中說：「五畝之宅，樹之以桑，五十者可以衣帛矣；雞豚狗彘之畜，無失其時，七十者可以食肉矣；百畝之田，勿奪其時，數口之家，可以無饑矣。」畜養動物有方，七十歲的人才能吃上肉，種百畝田地得法，才能保證一家人不挨餓。可見在農業革命以前，沒有改良品種、農藥、化肥的幫助，溫飽並不是容易的事情。事實上，在二十世紀八〇年代以前，中國長期處在人均糧食安全線以下，也就是說直到二十世紀八〇年代，中國人才基本解決了溫飽問題。

在長期缺乏食物的狀況下，庶民的飲食首先要保證食物不會中斷供應，因此儲存食物便成了第一要務，以澱粉為主要成分的主食是最便於保存的，乾燥的大米、小麥、小米、大豆、高粱都可以保存很長時間。還有各種肉脯、火腿、燻肉、臘肉、魚乾、蝦乾，或者糟漬成肉醬、醃肉、泥螺、嗆蝦蟹。蔬菜可以製成鹹菜、醬菜、酸菜，含蛋白質比較多的豆類則製成豆干、腐竹等等。無論是發酵、鹽漬、乾燥，都是以保存食物為目的，而在達成這一首要目的之外，食物往往產生了與原始狀態極為不同的獨特風味，這是保存食物帶來的副產品，當然也是庶民飲食文化的重要特徵之一。

庶民飲食的另一個特徵是「時鮮」，春季剛剛冒芽的豆苗，新割的韭菜還帶著綠色的汁液；夏日蓮蓬裡剝出來脆生生的青蓮子，撈起水淋淋的蓴菜；秋季淤泥中扯出白花花的藕，樹上打下甜絲絲的棗；冬季田裡挖出冰涼多汁的蘿蔔，霜凍過的菜苔。這些讓人想起都口舌生津的妙物，都不是什麼昂貴的東西，但一定要現摘現吃才有最好的口味。庶民的生活與農業生產是緊緊結合在一起的，因此也最能體會這種「時鮮」的滋味。

庶民的飲食是兩個極端的結合，一方面是保存極久的肉類和主食，另一方面是極鮮的，現摘現吃的蔬果。筆者在湖北恩施山區調查時，常在當地農民家吃飯，最常見的做法是把米飯和馬鈴薯混合在一起，在柴火大灶上煮熟。煮飯時，把吊在廚房梁上的燻肉割下一節來，細細地切成薄片，再到後院去摘幾顆辣椒，與燻肉一起炒熟。上菜時，從醃菜的罎子裡夾出幾筷子酸菜或者醬菜，放在小碟子裡，這樣便是一餐可以待客的食物了。如果主人家不忙於農事，那麼還會再添上一份炒蛋和炒青菜，飯桌上紅黃青綠，甚是可觀。筆者在南方山區農村見到的農家日常飲食大抵是這種類型，歸結起來是粗糧、精糧、乾肉、蔬果、漬物和醬菜的組合。

沿海漁村的情況又是怎樣的呢？筆者在廣東汕頭附近的漁村也做過調查，當地人喜好吃糜（糜即粥之古稱），糜中雜有番薯，蓋因潮汕地區人多地少，能夠種植水稻的水田更是難得，因此在主食中夾雜可以種植在山地的番薯。下飯的小菜種類非常多，常見的有生醃的貝類、蝦蟹等甲殼類海鮮，魚類則有各種醃製曬乾的鹹魚，醬菜中也有特色的鹽漬橄欖等物。歸結起來其實和前文提到的南方山區的飲食結構很相似，也是粗糧、精糧、蔬果、魚肉乾、鹽漬海鮮和醬菜的組合，只不過把豬肉換成了海邊易得的魚類和甲殼類而已。華北農村的情況與南方有一些差別，由於華北的飲食以麵食為主，也就是以「塊食」為主，古代華夏族傳統的「粒食」已經被放棄，因此搭配上有一些變化。麵食中的饅頭、包子、餅等，一般要配湯，湯可以用小米煮成，也可以用雜菜煮，肉湯出現得並不很多，但在招待客人時偶有出現。河北南部有一種「熬菜」，即把各種食材一起丟到鍋裡煮，因加入南瓜等澱粉含量較高的食物，故湯極濃稠，華北各地叫法略有不同，但是形制很相似，可以視為濃湯的一種類型。北方的豆醬使用非常普遍，醬菜的種類也比較多，而且很鹹，下飯的效力極大。綜合來看，華北的主食更多，肉食更少，其餘配菜的情況與南方差別不大。

以上提到的農村飲食只是當代的情況，那麼在近代以前，中國農民的飲食是怎樣的呢？晚唐詩人皮日休的〈橡媼嘆〉中說：「秋深橡子熟，散落榛蕪岡。傴僂黃髮媼，拾之踐晨霜。移時始盈掬，盡日方滿筐。幾曝復幾蒸，用作三冬糧。」皮日休生活在黃巢之亂爆發之前的時期，因此所看到的民間艱難景象可作為走下坡路的王朝的情況看待。

北宋歐陽修在〈原弊〉中說：「一歲之耕供公僅足，而民食不過數月。甚者，場功甫畢，簸糠麩而食秕稗，或采橡實、畜菜根以延冬春。不幸一水旱，則相枕為餓殍。此甚可嘆也！」歐陽修生活的年代大致在宋仁宗時期，史稱「仁宗盛治」，可謂盛世，即便如此，民食不過數月，采橡實、畜菜根以延冬春。民間沒有什麼積蓄，一旦有水旱災害，就要餓死人。

到了清代，所謂「康乾盛世」，民間的情況又是如何呢？乾隆年間山西《鳳台縣志》說：「終歲以草根木葉雜茭稗而食，安之如命。」同時期山東《昌邑縣志》

說：「人眾物乏，無他餘贏，故有終歲勤動，不免飢寒者。」山西《孝義縣志》說：「良辰佳節七八口之家割肉不過一二斤，和以雜菜麵粉淆亂一炊，平日則滾湯粗糲而已。」

到了清末以及民國初年，內憂外患加劇，肉食更加鮮見，白米白麵也只有在節日才能吃到了，河南《密縣志》說「民間常食以小米為主，黃豆及雜糧佐之，大米飯小麥麵俗所珍惜，以供賓粲之需，非常食所用」。河北《灤州志》說「飲食皆以粥，貧者粟不舂而碎之以煮，謂之破米粥」。山東《臨沂縣志》「農民家常便飯為煎餅稀飯，佐味為豆腐小豆腐鹹菜番椒。煎餅用高粱麥菽，稀飯用穀米或黍米豇豆綠紅黃地瓜胡蘿蔔等」。

結合民間的口述歷史，六十歲以上的老人大多經歷過飢餒時光，對於白米白麵特加珍惜。從二十世紀八〇年代起算，上溯一千餘年，平民百姓——也就是占中國人口絕大多數的，供養著別人的農人，大致上在所謂太平盛世時期，以雜糧精糧搭配的做法可以餬口，年節祭祀能夠用上肉食。在國家吏治敗壞，但未至動亂時期，以雜糧為主，春荒之際輔以榆錢、樹皮、橡子、野菜，勉強可以存活，年節祭祀可能會出現精糧，肉食則不可想像了。在兵荒馬亂的動蕩時期，或者是水旱災害時期，動輒餓死人，連樹皮、草根、觀音土都可以作為食物。

在食物極度匱乏的情況下，庶民一方面要想辦法盡量吃下粗糲的雜糧，因此需要一些重口味的「下飯」副食；另一方面要盡量把食物保存起來，也就催生一大批鹹肉、醃菜、醬菜，這些「下飯」的食物，都需要大量的鹽來醃製保存。這也就構成了庶民飲食的兩條基本線索，一是飯，二是各種「下飯」，「下飯」的食物務必要味道極重，要不然則達不到下飯的目的。但是中國很多地方缺乏食鹽，或者食鹽的供應不穩定，這樣下飯的食物就要靠酸味或者辣味來彌補了。

來自美洲的辣椒，可謂是中國庶民的「恩物」了。辣椒占地不多，不挑氣候、土壤，在中國大多數地方收穫期長達半年，口味又重，拿來下飯，再好不過。這也是辣椒得以在清中期迅速而廣泛地傳播到各地的最重要原因，然而直到清朝滅亡的一九一一年前後，辣椒一直無法突破階級的界限，其流傳的人群僅限於鄉村庶民，有些中農、地主也會吃，但城裡的飲食罕有辣味。至於貴族和世家，更不屑於嘗試這種「低賤」的味道，故而曾國藩才會「偷偷」吃辣，而愧對人言。

對於飲食文化擁有較大話語權的社會上層，把辣椒視為庶民飲食中最不可接受的部分，因此貴族世家的大廚們認為辣味不符合中國傳統的「食療」原則，也不符合調和的品味原則，味覺元素過於突兀，且會破壞高級食材的原味。事實上，貴族們所忌憚的，正是庶民所追求的，庶民們要的就是辣椒的刺激、火熱，能夠蓋掉劣質食材的味道，能夠下飯。因此貴族與庶民對於飲食的追求是截然相反的，也是不可調和的。

假如中國飲食文化沒有經歷二十世紀的系列變革，貴族的傳統得到了系統的延續，而平民在近代工商業興起後逐漸富裕起來，會模仿上層的飲食文化，並對其進行現代商業化的改造，從而產生一種以上層飲食為基礎的流行飲食文化。筆者猜測假如有這種飲食文化的話，口味很可能偏於清淡，調味也許會以「香」、「甜」為突出的味覺特徵。在這種假想的飲食文化中，辣味也許不會特別突出。

第三節　辣椒走向江湖

提起江湖，很多人會聯想到武俠，然而官府高居於廟堂，庶民躬耕於田畝，真正在江湖上「興風作浪」的是商人，他們雇用武師，形成幫派，運糧的青幫，販鹽的鹽幫。在小說家的渲染下，原是主角的商人被隱去了，反而突出了武人的形象。自中國近代開埠，城市工商業階層崛起，「江湖菜」應運而生。

「江湖菜」是一個最近幾十年才流行起來的概念，一般是指發跡於市井之間，口味濃烈奔放，食材廉價易得，烹飪手法粗放雜糅的菜肴。江湖菜的流行，伴隨著近三十年來中國史無前例的人口流動，以及繁榮的市場經濟發展，從各地不見經傳的小飯館走出去，發展成席捲全國的一波波飲食浪潮。江湖菜之名雖新，但江湖菜之實卻是古已有之的，它是處於官府與庶民之間的一種飲食類型。製作江湖菜的目的既不是為了禮儀招待，也不是為了自家果腹，而是以出售為目的。江湖菜出自市肆商人之手，也落入走南闖北的商人之腹。江湖二字的含義，本來指在中國歷史上至關重要的漕運，由於以前最為便捷的運輸方式乃是船運，因此沿江靠湖的各處碼頭成為了商賈雲集的輻輳，人聚集得多了，就有了各種碼頭幫會。近代以來影響甚大的青幫便是由糧船幫衍變而來。現代漢語常說的「拜碼頭」、「跑江湖」這些詞彙，就有漕運文化的影子。上海人至今稱滬菜為本幫菜，稱杭菜為杭幫菜，所謂「幫口」也是漕運文化的遺存。

江湖是有幫派的，江湖菜也有幫派，如今常說的四大菜系、八大菜系，便是這些江湖的幫派。各幫派的獨門絕藝各有千秋，比方說淮揚菜的刀工菜，四川菜的麻辣口味，粵菜的海鮮。江湖菜是不上廟堂的，因此帶有借鑒自下層勞苦大眾的濃烈風味。二十世紀初從宜昌到重慶一線的縴夫，他們從事重體力勞動，能量消耗很大，因此需

晨曦中的大運河。

此畫由跟隨阿美士德（William Amherst）使團來華的畫家威廉·哈維爾（William Havell）所繪，時間大致是一八一六年至一八一七年，地點是北京附近。

要補充蛋白質。可是精肉的價格又很貴，縴夫們消費不起，便只好吃些下水、不太新鮮的肉類。這些食材較為腥臭，因此需要用比較濃烈的作料蓋過食材的本味，所以就有了「麻辣燙」、「毛血旺」、「紅油火鍋」一類的菜式，這一類菜式原本只在下層人民中流行。民國時期成都許多有名的四川菜館，比如聚豐園、榮樂園等，它們的拿手菜有填鴨、魚翅宴、開水白菜之類，都是近乎官府菜的菜式，並沒有當今川菜麻辣的身影。可見當年的達官貴人們，是不屑於底層的流行的。

民國時期的成都，與上述的「筵席館子」並行的是一路「紅鍋館子」，[1]這類館子的拿手菜有「花椒雞」、「脆皮魚」、「醉蝦」一類，稍有當今川菜的影子，卻也沒有特別突出的麻辣。與「筵席館子」需要提前幾日預訂不同，「紅鍋館子」賣的是隨堂蒸炒的菜式，價錢實惠，不過「紅鍋館子」的消費群體是城市中產階層，底層人民還是吃不起的。「紅鍋館子」菜式流行的時候正是抗戰時期，中國東部的精英階層大批湧入四川，他們原來習慣的筵席是吃不起了，小館子還是可以常常光顧；這些內遷的各級官員、大學師生在戰後回遷，也把來自四川的味道帶到了各地，可以說江湖菜的濫觴與這一番經歷是有關聯的。

江湖菜在當今中國的地位還是靠近三十年的大規模移民奠定的。中國近三十年城市化的主力是農村務工人員，他們把濃郁的地方口味恰到好處地融入到城市的快節奏生活中，形成了如今可以在任何一個城市找到的典型江湖菜。近年來流行的菜式都逃不脫江湖菜的範例，比如說「萬州烤魚」、「麻辣香鍋」、「東北烤串」、「麻辣小龍蝦」、「紅油火鍋」、「台灣牛肉麵」、「炸雞排」、「重慶小麵」。這些菜都有幾個突出的特點。首先是食材的廉價易得，「江湖菜」的食材選擇很廣泛，不排斥「官府菜」不採用的雜碎、偏門食材，甚至一些會引起厭惡的食材也可入菜，比如鱷魚肉、蛇肉、狗肉。其次是調味兇猛熱烈，傳統的中國菜放作料不過幾錢幾兩，現在的「江湖菜」放起辣椒花椒都是以斤計算的量。一些味道過於濃郁而被視為應當謹慎

---

1 朱多生，〈民國時期的成都餐館初探〉，《楚雄師範學院學報》，二〇一三年，二十八卷第七期，頁一一一一九、二六。

使用的茴香、八角、孜然一類香料，「江湖菜」也是從不吝惜分量地使用，當然這個特點也是和食材的廉價有關係的。

「江湖菜」的優點也和它的缺點一樣鮮明，「江湖菜」是講究不停頓的，烤串是烤好即上的，甚至是邊烤邊吃，《隨園食單》裡〈戒停頓篇〉提到「物味取鮮，全在起鍋時極鋒而試；略為停頓，便如徽過衣裳，雖錦繡綺羅，亦晦悶而舊氣可憎矣」。廣東街邊最廉價的江湖小吃有一道「紫蘇炒田螺」，食材極廉，調味極重，且往往泥沙不淨，然而猛火快炒，起鍋上菜一氣呵成，深得不停頓之要訣。清代文典中記載清宮御膳，往往前一日做好置之蒸籠中，一俟主人呼「傳膳」，便可通行齊上，雖然幾十道菜擺開來甚是好看，其中焉有佳味？怪不得慈禧、光緒不愛吃御膳房的菜，在寢宮之側私設小伙房，無非是想吃個新鮮熱乎的菜罷了。

江湖菜來自商人階層，自有一種樸實熱烈的氣息，《隨園食單》的戒單中提到的官府菜的幾個毛病「耳餐」、「目食」、「穿鑿」、「停頓」，江湖菜大多不犯，不耳餐是不圖食材的名貴；不目食是不講究花樣多，用心做好一兩道招牌菜；不穿鑿是不違背食材的本性做一些牽強附會的菜式。這些都是江湖菜深得飲食正要的地方。

民國初年，隨著舊秩序的解體，民族資本主義的興起，中國的主要大城市都興起了一波崇尚飲食奢靡的風氣，最突出的例子莫過於上海、廣州、成都、武漢、長沙等南方的大城市。這一時期享用美食的群體，已經從原來官員、地主擴展到了城市的工商業階層，而這些人的飲食習慣又與舊官紳極為不同，成席成宴的排場並不是最重要的元素，新興的城市中層需要的是口味濃郁、變化繁多的菜式，他們追求新穎、刺激，視舊官場的一套飲食習慣為迂腐過時的東西，因此中國飲食在清末民初的這一時期迎來了巨大的變化，即江湖菜的盛行。

江湖菜盛行的背景是民國初年至抗日戰爭以前城市人口的激增，一九一〇年至一九三五年間中國的總人口僅由四．二億增長至四．八億，而城市人口卻增長了一倍。這一時期南方的城市增長很快，但北方的城市受到多重因素的制約，尤其是軍閥內戰反覆拉鋸的影響，增長要比南方慢很多。因此依賴於城市平民的飲食文化，也以南方為盛，北方則要遜色不少。周作人曾給北方的飲食文化下過斷語：「據我的觀察來說，中國南北兩路的點心，根本性質上有一個很大的區別。簡單的下一句斷語，北方的點心是常食的性質，南方的則是閒食。我們只看北京人家做餃子餛飩麵總是十分茁實，餡絕不考究，麵用芝麻醬拌，最好也只是炸醬；饅頭全是實心。本來是代飯用的，只要吃飽就好，所以並不求精。」[2]

江湖菜與官府菜最重要的區別在於其消費者，江湖菜只有在近代以來誕生的社會中下層人群中才有市場，而官府菜的主要消費者在朝堂之上，與平民百姓是沒有什麼瓜葛的。因此江湖菜的發展來自於有一定規模，具有一定經濟實力的城市平民。在近代興起的商業城市中，江湖菜的消費人群大量產生，龐大的消費群體往往薈聚了周邊的廚師和跨地區的烹飪技法，從而使得江湖菜的烹飪水準得以迅速提高，變化多樣，以迎合平民階層不斷變化的口味和喜新厭舊的心態。

近代商業城市的興起與通商口岸的開設有密切關係，廣州、上海作為首先對外開放的城市，其工商業的興起直接帶來了飲食行業的興盛，因此這兩個城市的平民飲食文化至今仍是最為發達的。一八五八年《天津條約》開放了長江沿岸的漢口、九江、南京、鎮江，此後的《北京條約》又增開了天津，一九〇二年的《續議通商行船條約》又開放了長沙、萬縣、安慶等城市，到了清末，通商口岸增至一百零四個，這些大大小小的通商口岸都有不同程度的商業發展，據清末官方編印的《湖南商事習慣報告書》，當時長沙小吃商人「夜行搖銅佩、敲小梆為號，至四五鼓不已」。一八九一年開埠的重慶，是中國第一個內陸通商口岸，由於地處長江航線末端，各地的商販和飲食都在此匯集。重慶火鍋最初只是船工用來吃動物內臟的辦法，二十世紀三〇年代則被改良成飯館常見的市民食品，食材也不再限於下水。民國初期至抗日戰爭爆發以前，沿海、沿江的大中城市迅速發展，飲食文化也呈現出平民化和商業化的態勢。

張恨水曾經記載四川官府菜向江湖菜的轉化：幾度革命後……許多私家僱傭的廚子，大都轉至於館。[3]可見舊時的官員仕紳家族，隨著政治格局的劇變而流入尋常

---

2 周作人，《知堂談吃》，中華書局，二〇一七年，頁三六二。

3 曾智中、尤德彥，《張恨水說重慶》，四川文藝出版社，二〇〇七年，頁二七〇。

巷陌之間是當時的普遍現象。而介乎於官府菜和江湖菜之間的文人菜，也出現了類似的轉化，李劼人於二十世紀三〇年代開設的小雅軒餐廳便是代表，李劼人大學教授的身份，使得「成大教授不當教授開酒館，師大學生不當學生當堂倌」成為當時成都報紙熱議的話題。改良川菜的著名廚師黃敬臨曾在三〇年代於成都開辦了著名的「姑姑筵」飯店，這是一家宴席館子，其菜品即近似於官府菜的品味，出名的菜品有開水白菜、樟茶鴨、青筒魚、軟炸扳指、蝴蝶海參等，其中辣味不多，主要以鮮香為特色。同時，原本經營宴席菜的飯館也對菜式進行改良，以適應大眾的就餐需求，三〇年代的榮樂園掌櫃藍光鑒就對就餐的結構進行了很大調整，將原來席面上的四冷碟、四熱碟、八大菜、手碟、對碗、中席點心、糖碗全部進行調整，只在開席時上四個冷碟或是熱碟（夏季冷碟，冬季熱碟），隨後就是幾道主菜，最後上一道湯配飯吃。可以把原來的燕窩席、魚翅席、鮑魚席上的一兩道精華菜品納入其中，又減少了為擺排場而充數的次等菜肴，價格也比較貼近中產階級的消費能力。隨後聚豐園等宴席館子也跟進改良，這些改良後的官府菜式已經趨近當代中餐的席面格局。民國時期成都的館子經營的菜品大多也並不辣，汪曾祺回憶四川籍的李一氓吃川菜，大抵是魚香肉絲、回鍋肉、豆瓣魚等幾樣，[4]雖然調味比較複雜，但辣味卻不很重。也許當時的底層市民已經開始吃辣味較重的食物，但不見於記載。

一九三二年，國民政府開始籌建戰時後方，全力經營四川、陝西、雲南。大批工廠、機關、學校隨著大量人口遷入四川、陝西、雲南，進而帶來了工商業和飲食業的黃金時期。其中重慶、昆明、成都和西安四座西部城市在抗戰時期發展最快，戰時這四座城市的人口至少翻了三倍，人口的大遷徙帶來各地飲食文化的交融，從抗戰時期的教師、官員、學生、軍人的記錄來看，這一時期西部四大城市出現的飲食品類皆有大幅度的增長，且以中低檔餐廳增長最快。[5]

民國時期，隨著平民階層逐漸成為餐館用餐的主顧，餐飲的風味也開始出現了

4 汪曾祺，《人間滋味》，天津人民出版社，二〇一四年，頁一四〇。
5 尚雪雲，《民國西安飲食業發展初探》，碩士論文，陝西師範大學，二〇一五年，頁一六。

轉向，即從原來的模仿官府菜的宴席樣式，逐漸轉化為現在大家所熟悉的中餐館的用餐樣式，需要預訂的菜品大幅度減少，即席菜大量增加，海參、魚翅、燕窩一類的高價菜品減少，家常樣式的菜品有所增加。最突出的例子是成都，民國初年本來平分秋色的「宴席館子」和「紅鍋館子」，到了抗戰後期就變成了以「紅鍋館子」居多，模仿官府菜的「宴席館子」漸次減少。西安和昆明也出現了類似的情境，根據汪曾祺的記載，昆明的小吃和小餐館品類逐漸增加，工藝也日趨精細，而高檔宴席則由於其繁瑣、昂貴而逐漸少人問津。

但即使平民化的飲食逐漸在城市中居於主流，平民飲食的風尚仍然尊崇官府的價值取向，尤其在口味上不尚過分刺激，盡量取較為平和的味道。筆者的母親家世代居於長沙城內，外祖母出生於民國二十一年（一九三二），在她的印象中，一九四九年以前長沙城內的飯館菜肴多為不辣，即使有少數放辣椒的，也只是作為點綴而已，並不會一味突出辛辣。在她的印象中，舊時飯館菜肴最突出的味道反而是甜味和油膩，只有街邊挑擔的小販會售賣一些口味比較重的食物，對於現在長沙城內飲食調味以辣味為主的情況，她認為是「鄉里人的習慣」，城裡的飲食原本是不太辣的，就是鄉下人進城多了才變得辣了。

武漢的情況則更為複雜，民國時期武漢仍分為漢口、漢陽、武昌三鎮，以漢口最為發達，由因其地理位置處於長江中游，南北薈萃之地，因此飲食文化格局受到西邊的川系影響，又受到東邊的徽系影響，同時兼有南北的風味特色。民國時期的漢口餐飲基本上可以分為四種類型，即酒樓、包席館、飯館、小吃。其中尤以川系和徽系最為突出，酒樓和包席館的菜肴很類似，都走的官府菜的路子，但經營方式不同，酒樓有樓面雅座，顧客到店就餐，而包席館主要承包大戶人家的上門筵席，顧客在家就餐。飯館和小吃基本上屬於江湖菜的體系，飯館一般有就餐場所，而小吃則是沿街挑擔擺賣。酒樓中最有名氣的有川系的味腴別墅和蜀珍酒家，出名的菜品有爆蝦仁、爆雙脆（肚尖、腰花合爆）、燉銀耳鴿蛋、魚翅海參、豆瓣鯽魚，沿襲川系官府菜的路子。徽系的有同慶樓、大中華、新興樓，出名的菜品有紅燒魚、黃燜雞、抓炒魚片、焦溜里肌等菜式。[6]而現代的武漢菜則脫胎於徽系和川系的共同影響，原本亦少有辣味菜肴，從當今的武漢本地飲食來看，脫胎於徽菜的品類頗多，亦有不少來自當地的再創造。然而在辣味菜肴席捲全國的趨勢下，地處通衢的武漢飲食文化迅速地變為以辣味為主，這其中不乏地理位置的原因。

從各方文獻記載來看，在傳統吃辣區域以內的鄉村，辣味菜肴是普及的，但是在成都、昆明、西安、武漢、長沙這些大城市中，儘管被吃辣的鄉村所包圍，直到民國末期，飯館的菜式大多不辣。這些城市的口味轉向以辣味為突出特徵，實際上是很近期的事情，大致在人口得以自由流動的八〇年代以後，也就是說，由於變革導致的原有的階級飲食文化結構破碎，才發生了辣味在吃辣區域內的從農村向城市的擴散。

6 姚偉鈞，〈民國時期武漢的飲食文化〉，《楚雄師範學院學報》，二〇一三年，二十八卷第七期，頁六－一〇。

第四節　廉價的流行

在現代化的進程中，廉價而熱烈的辣味，首先在滿地碎片的飲食文化中被揀選出來，成為了傳遍全國的滋味，伴隨著中國人熱火朝天建設現代化的歷程。

前文已經說明了辣椒和以辣椒作為主要調味料的菜肴屬於江湖菜和庶民菜，是傳統中國社會底層的飲食習慣，在一九四九年以前，這種飲食習慣僅限於社會中下層，即使在傳統食辣區域的城市中，辣味菜肴也並不占優勢。在傳統的飲食文化階級格局碎片化之後，辣味得以打破階級局限而發生流散，但辣味飲食仍然局限於傳統的食辣地理區域內，未能擴散到全國範圍。辣味的流行是近三十年來的一個突出飲食現象，是伴隨著中國飲食的商品化過程、中國的快速城市化進程而產生的現象，本節主要著眼於飲食的商品化進程，對辣椒飲食的擴散作出解釋。

江湖菜和庶民菜都有強烈的地域特徵，南方貧窮山區的庶民菜尤其依賴辣椒作為重要的下飯菜，但由於庶民菜往往是一家一戶的家常菜，很難在市場上獲得廣泛的認可，因此庶民菜並不是辣椒菜肴傳播的主力推手。改革開放以後真正在市場上獲得廣泛認可，並且能夠在全國帶起辣椒流行的還是江湖菜，也就是飲食市場化中的主要力量。

與辣椒流行最密切相關的是辣味菜肴的價格，在城市居民的一般印象中，辣味菜肴較之於其他的菜肴要廉價，因此價格是解釋辣味流行的一個重要依據。

傳統地域菜系各類型的就餐人均消費價格

（單位：人民幣，資料來自大眾點評網站）

江浙菜	魯菜	粵菜	北京菜	豫菜	川菜	雲貴菜	湖北菜	湘菜	台灣菜	江西菜	東北菜	新疆菜	西北菜
117	115	115	99	85	66	65	64	58	56	47	46	42	39

右下表列出大眾點評網站收錄的中國全國傳統菜系的就餐人均消費價格。

從前頁表格可以看出，按照地域分類的傳統菜系中，江浙菜、魯菜和粵菜穩穩地占據了價格的第一梯隊，而北京菜、豫菜則占據了價格的中等段位，川菜、雲貴菜、湖北菜、湘菜，這四種來自傳統辣味飲食區域的菜系則占據了點菜餐館的低價段位。價格最低的幾種地域菜系類型，即台灣菜、江西菜、東北菜、新疆菜、西北菜，實際上大多是速食小吃與中餐館之間的過渡品類，如江西菜館中近半以「瓦罐湯」命名，而東北菜中有三分之一以「餃子」作為招牌，西北菜和新疆菜中有不少麵館，其中「蘭州拉麵」更類似於速食店，但由於同時也經營點菜，因此也被籠統地計入餐館範疇。因此如果嚴格限定中餐館的類型，那麼川菜、雲貴菜、湖北菜、湘菜這四種地域菜系則已經是最低價的類型，而這四種類型恰恰正是辣味菜肴的典型。這一統計結果印證了人們一般印象中辣味菜肴比較廉價的印象。

食品的工業化和商品化也是辣椒和辣椒衍生出的調味品流行的重要基礎。眾所周知，商品生產是以企業追求利潤的最大化為目標的，而在食品工業中，為了追求利潤的最大化，必然要採用廉價的食材，並且以味覺特徵強烈的調味品來賦予產品某種風味。在廉價的商品化辣味食品中，近十年來在中國最為流行的莫過於「辣條」。辣條是一種零食，主要原料是小麥粉和辣椒，並含有一定量的食品添加劑。辣條起源於湖南平江縣，湖南平江縣有悠久的醬豆干製作歷史，也是平江縣食品工業的重要組成部分，一九九八年長江中下游地區發生重大洪澇災害，農產品損失嚴重，平江縣醬豆干的主要原料大豆價格高漲，當地企業為了維持生計，不得不採用較廉價的小麥粉替代大豆生產，因此產生了這種麵筋類零食，為了改善口味，當地企業在傳統醬豆干的配方上做出了調整，加重了甜味和辣味，產品面向市場後獲得了廣泛的認可，主要是在經濟欠發達地區的青少年中廣為流行。湖南辣條風靡全國後，由於其製作工藝簡單，容易模仿，河南省也迅速加入了辣條生產的大軍，其配方基本維持不變，而在河南則出現了辣條生產的大型代表性企業——衛龍。從辣條短短十餘年的風靡全國歷程來看，其重要的特徵有以下幾點：一、脫胎於傳統食品，辣條的口味模仿平江縣傳統食品醬豆干，辣味的口味風格突出；二、製作工藝簡單，易於模仿和傳播，價格低廉，容易在內陸收入不高的地區取得市場份額；三、風味突出，易於保存，大量添加辛辣調味料的食品本身即有防腐的特質，加上強烈的特殊風味，容易獲得市場的認可。

除了辣條，在中國近三十年來的城市化和工業化背景下，大量的方便辣味休閒零食被市場廣泛認可，形成了在主流餐飲以外的另一個辣味休閒零食市場，辣味零食以其便於保存、攜帶，風味濃郁，而獲得了城市化進程中的大量市場份額。我們必須要注意到，辣味零食流行的背景是中國的城市正在迅速地從地域性城市向移民城市轉化，在中國的特大城市中，移民人口都已經占到或者接近於城市常住人口的一半或者更高。大規模的移民群體勢必帶來口味的重大變化，原有的巨大差異的地域性城市口味正在被迅速地統一，而現階段在全國範圍內占據主導的口味則是辣味。在中國大大小小的城市中，不難看到各種便利店、小賣部售賣包括辣條、麻辣小魚、辣豆干、泡椒鳳爪、辣鴨脖、辣蠶豆等辣味零食的景象。這種景象的地域差異不大，從南到北、從東到西，雖然品牌略有差異，但辣味的盛行是顯而易見的。

為什麼是辣味，而不是其他的味道能夠盛行全國呢？在當代食品工業的工藝條件下，其實鹹味、酸味、甜味的食品都有可能被製作成保質期較長的商品，而工業化的調味品又能夠以較低的成本製造出較廉價的口味，比如說以安賽蜜代替蔗糖，以檸檬酸代替醋酸，都可以產生較為廉價而口味濃郁的零食，為什麼是辣味得以獨步天下？

其實中國的辣味零食的味覺元素仍然在模擬傳統平民飲食的味覺特徵，也就是說，由於長期處於農業內捲化的條件下，如第一章所言，中國農民的副食品被嚴重地壓縮到用以「下飯」的調味副食，也就是以鹹味和酸味為基本特徵，並加入刺激性的辛香料增加風味的調味副食。甜味作為一種在前工業化時代比較高價的調味品，在中國一直沒有能夠形成普遍的流行，也就是說，甜味並非中國傳統平民飲食的味覺特徵，即使在工業化時代甜味變得廉價而易於取得，中國人這種流傳已久的味覺偏好仍然有強大的韌性維持下去。因此在歐洲和北美零食中居於絕對主導地位的甜味，在中國並不盛行。辣味和鹹味或者酸味的搭配是中國人最為習慣的調味，在中國前工業化時代，零食的主要口味是鹹味和酸味，如各種炒豆子、豆干、花生、瓜子等物，都是鹹味的；而辣味的添加又能夠促進唾液分泌，增進食欲，致使食用者有種「停不下來」的感覺，更促進了辣味零食的流行。

辣味的流行可以用工業化時代普遍出現的平民階層的「仕紳化」（gentrification）概念進行解釋，魯斯・格拉斯（Ruth Glass）最早提出的仕紳化概念，是指倫敦街區中，中產階級逐漸遷居原本屬於工人階級的社區，從而改變了這一社區的面貌，最終使得工人階級被迫搬離生活成本日益上升的社區的現象。在西方社會中，也常指後工業化時代整體生活水準上升，從而導致舊的工人階級社區逐漸式微，中產階級逐漸興起的城市街區狀態。辣椒在中國的流行也可以採用這一概念來解釋，辣椒原是貧農的食物，而當中國進入工業化時代，這種食物被大量的來自農村的移民帶入了城市的飲食文化中，反而成為了新移民的象徵性食物。辣椒原本的鄉村食物的標籤被逐漸地剝離，反而成為了工業化的城市中的標誌性的食物，隨著食用辣椒人群社會地位的不斷上升，經濟狀況的不斷改善，作為飲食文化的一部分的辣椒食用文化仍然有很強的韌性，也就是常見的物質先於文化改變的情境，這時辣椒食用雖然仍然廉價，但原來的社會階層屬性卻變得模糊不清了。

同樣的情況也發生在西歐和北美的馬鈴薯食用上，馬鈴薯和辣椒一樣，原本都是在窮人裡流行起來的食物，三百年前的歐洲，馬鈴薯的地位和中國人在一百年前看待辣椒的地位差不多，都是窮人的食物，貴族士冑家庭拒絕這種新冒出來的食物，歐洲人認為《聖經》中沒有提到馬鈴薯，因此這是一種野蠻人的食物；而馬鈴薯又是生長在地下的，和高貴挺拔的麥穗的形象不可同日而語，不配作為日常的食物。可是歐洲的窮人卻不能在選擇食物的時候挑挑揀揀，高產、對土壤條件不挑剔、適應各種氣候、生長期短的馬鈴薯迅速地占領了窮人的餐桌。雖然貴族們仍然不屑於吃馬鈴薯，但到了十八世紀末期，馬鈴薯已經在歐洲遍地開花。隨著底層的歐洲人大量地移民北美，馬鈴薯食用的範例也隨著移民來到北美，然而馬鈴薯這種食物到了美國之後卻不再體現鮮明的階級界限，逐漸成為了絕大多數人都能接受的普遍的食物，在美國的消費文化背景下產生薯條、薯片等許多以馬鈴薯為原料的產品。二十世紀中葉以後，隨著以麥當勞為代表的美國飲食文化反傳回歐洲，馬鈴薯這種原本在歐洲被人看不起的食物搖身一變成為了美國文化的代表，徹底翻身成了速食文化的代表。中國的辣椒飲食與馬鈴薯在西歐和北美的經歷有著異曲同工之妙，都是作為窮人的食物，都是經歷了巨大的社會經濟變遷，都在變遷之後被賦予了新的文化標籤和定義，都在工業化時代後普遍地流行起來。

第五節　移民的口味

從一九七八年至今，中國發生了當代全球最大規模的人口遷徙，城鎮化率從一九七八年的百分之十七．九二劇增到二〇一六年的百分之五十六．一〇。這樣大規模的人口流動，不可能不伴隨著一系列的社會劇變，飲食文化自然也發生了翻天覆地的變化。

中國的飲食文化正在發生巨變，從地域劃分來說，傳統的地域格局已經被打破；從階層劃分來說，革命帶來的飲食文化碎片化狀態逐漸地向更分明的階層飲食分化改變；從飲食結構來說，原有的以溫飽為最主要目標的飲食文化，即消費大量碳水化合物的飲食文化主體，逐漸地向更多元化的消費演進，自給性的飲食逐漸轉化為商品性的飲食，最主要的特徵是主食的淡化，副食的消費比重增加。在中國急速成長的大型城市中，幾乎無一例外地受到了辣味飲食的衝擊，對於那些地處傳統辣味飲食區域以外的城市，辣味飲食的氾濫同時也意味著對本地傳統飲食的重大挑戰。這種飲食文化轉變的發生，實際上是中國傳統地域城市向現代移民城市轉型的一種表徵，辣味的氾濫是眾多的文化表徵之一。在傳統地域城市向現代移民城市轉型的過程中，城市的人文景觀、自然景觀都在發生變化，在人文景觀中，地方語言的衰微、地方傳統文化的解體、傳統社會團體和組織的消解、地方飲食文化的衰微都是變化的表徵，辣味的擴散是一種引人注目的表徵。然而這種變化是怎樣發生的呢？其背後的機理如何？

我們很容易直觀地認為移民導致辣味飲食的擴散，主要是由於移民的遷出地位於傳統辣味飲食地理區域，從而導致這些移民進入城市的時候，把原來的飲食習慣帶入了大城市。比如說來自四川的廚師和農民工來到北京工作，農民工要吃川菜，廚師也開起了川菜館，順其自然地把四川菜也帶到了北京，然而這個直觀的理解無法回避兩個難以解釋的問題。

第一個問題是，儘管一些城市接納的移民並非來自傳統食辣區域，但是辣味餐館比例依舊伴隨著移民的大量進入而提高。以北京為例，來自四川、湖南、貴州、雲南的移民占移民總數不足百分之十，大量的移民來自非傳統吃辣區域的安徽、山東、江蘇、河南、河北、遼寧、山西等省份。東北地區的城市更是如此，瀋陽、大連的移民大多來自東北其他地區，來自傳統吃辣區域的移民很少，而這些城市的辣味餐館占的比例卻很高。除了北京、瀋陽、大連以外，天津、鄭州、青島、濟南等城市也有類似情況。南方的移民城市中，來自傳統吃辣區域的移民比例很高，如廣東的廣州、深圳，湖南籍移民幾乎占了三分之一，因此還可以解釋為移民帶來了辣味飲食習慣。但華東的情況就比較費解了，上海、杭州、蘇州這些城市本身的飲食文化很少辣椒成分，移民的來源地也主要集中在大致處於非傳統吃辣區域的華東地區，諸如安徽、江蘇、浙江等省，但是奇怪的是，這些城市的辣味餐館比例也伴隨著移民比例的提高而提高。為什麼這些較少接納傳統食辣區域移民的城市中，辣味餐館的數量仍然龐大？

第二個問題是，一般而言，在城市化的進程中，來自欠發達地區的移民到了發達的城市後，往往會選擇仰慕、乃至接受城市的生活方式和標誌性文化，有一些移民會主動摒棄本身的文化以迎合城市的價值取向。在服飾上我們可以看到明顯的標誌，農民在進城務工之後，很少有人會主動選擇保持原來的衣著，他們會以城市人的服飾為時尚的標誌，對自己的穿著方式進行改造，當這些人返回故鄉時，往往也會把城市的服飾文化帶回家鄉，有些甚至成為村裡人爭相模仿的範例。筆者在農村調查時，常常看到農戶新建的住宅中使用了城市住宅所常見的生活設備，如淋浴設備、馬桶等，有時候家裡的老人用不習慣，反而成了擺設和累贅，這種行為也可以充分地反映出對城市生活的模仿，為什麼到了辣椒這裡，情況就反過來了？住的、穿的都要模仿城裡人，吃的卻獨獨例外？

我們首先來解決第一個問題，根據移民人口數量與辣味餐館數量的比較，[1]筆者發現，是跨地區的人口流動這一現象本身導致了辣味飲食的興起，而並非由來自傳統吃辣區域的移民帶入城市的口味。辣味餐館的數量與移民人口數量正相關，而與移民所來自的地區無關。為了解移民是如何帶動辣味飲食的流行，筆者在上海，廣州和深圳進行了田野調查。結果發現辣味菜肴與消費人口的年齡密切相關，因此城市人口的年齡結構能夠反映出辣味菜肴消費的基礎人群數量。

以上海為例，上海市外來人口主要集中在二十—四十五歲的年齡段，這個年齡段也是辣味飲食的主要消費年齡段，即十八—四十歲之間。戶籍人口的年齡分布呈明顯的老齡化趨勢，以四十五—六十歲為最多，這一年齡段的人群並不是辣味飲食的主要消費人群，因此說辣味菜肴是移民的口味，是準確的。廣州的年齡結構圖與上海相仿，而深圳則以外來人口居多，其年齡結構年輕於上海，而結構比例類似。較為年輕的勞動人口是消費辣味菜肴的主力，當一個城市中移民人口較多時，其能夠消費辣味菜肴的人口也隨之增長，從而導致辣味餐館的增加。而當辣味餐館增加到一定規模時，又可以帶起一定區域內的辣味菜肴流行。當辣味菜肴成為流行時，又能夠引起社

1 由於本文並非學術論文，故在此略去數據模型和推導邏輯過程。感興趣的讀者可以查閱筆者在學術刊物上發表的有關論文。

交團體的消費，從而導致辣味餐館對社交需求的滿足。

前文已經說明了辣味菜肴屬於較為廉價的飲食，而移民在滿足飲食消費需求時，往往相對於本地居民更願意選擇廉價的辣味菜肴。由於移民在外就餐的比例較戶籍居民高，而收入卻低於戶籍居民，移民們為了節省飲食開支，則較有可能選擇更為經濟的辣味菜肴作為外餐選擇。

辣味菜肴同時可以滿足移民的社交需求，在筆者的田野調查中發現人們在外用餐時選擇辣味菜肴的可能性遠較在家用餐時高，當共同用餐的社交團體中有人選擇辣味餐館時，往往能夠帶動本來不常吃辣的個體隨同團體吃辣。尤其是當辣味菜肴成為某個時間段內某個地區的流行菜肴時，食用辣味菜肴便成為了一種社交行為。移民由於在城市中缺乏原生的家庭社交網路，非常依賴朋友、同事而形成的社交圈子，從而導致移民更需要社交活動的情況，這也在一定程度上加強了辣味菜肴的流行。

綜上所述，移民的年齡結構、消費能力和社交需求，符合辣味菜肴的消費市場劃分，從而導致了辣味菜肴在移民中的盛行。所以我們可以說，是移民創造了辣味菜肴的消費市場，創造了「城市辣味飲食文化」。這種「城市辣味飲食文化」並非來自哪個鄉間，而是來到城市裡的移民們的集體發明創造。這種情況與美國的移民飲食文化非常相似，漢堡是地道的美國菜，卻被冠上一個德國名字。披薩是全球移民在美國對義式麵食的再創造，融入了大量其他民族的元素，以及一些在美國市場環境下形成的新元素，形成了與傳統義式披薩風味迥異的美式披薩。[2] 人類學界管這種情況叫「被

2 許多讀者對於筆者關於披薩起源的表述有質疑，在此特別澄清如下：現在世界上廣泛流行的披薩，包括中國人日常能夠買到的披薩，一般是美式披薩。美式披薩與義式披薩有很大的不同，義式披薩的餅皮部分一般很薄，大概只有蘇打餅乾的厚度；而大多數美式披薩做得很厚，用發酵的餅皮，接近麵包的口感。義式披薩的餡料和醬料通常只有番茄醬、乳酪和奧勒岡葉，即便要加上沙拉米（salami），也是冷切後單獨加；而美式披薩的餡料和醬料相當繁多，幾乎是可以任意發揮的。因此筆者認為美式披薩和傳統義式披薩可以算是兩種完全不同的食物了，正如美國的中餐館經常出售的「雜碎（chop suey）」，華人一般不認為這種高度美國化的中餐與中國本土中餐中的「炒什錦」等菜肴是同源的。基於同樣的理由，筆者也認為當今流行全球的披薩，本質上是一種美國的發明，正如「被發明的傳統」這一概念所提示的那樣，這是一種體現了美國族群融合和共同歷史記憶的食物。

發明的傳統」（invented tradition）。[3] 當我們在城市裡看到「川」、「湘」館子的時候，應當知道它們雖然被附會了一個地域名詞，但說到底它們還是現代城市的造物，雖有一點地方飲食的影子，究其根本還是個新鮮事物。

第一個問題的結論可以用於解釋第二個問題。城市的飲食文化同樣也是來自欠發達地區的移民效仿的範例，城市的辣味飲食實際上並不是移民從故鄉帶入城市的飲食習慣，確切地說，這是一種由移民進入城市以後，與城市中的其他居民一同創造出來的飲食文化，這種飲食文化是一種移民城市的飲食文化，歸根到底這是一種新近被創造出來的城市文化，因此當移民進入城市時，他面對的是一種「城市辣味飲食文化」，即使移民個體來自傳統吃辣區域，他接納的這種「城市辣味飲食文化」也與他故鄉的「鄉村辣味飲食文化」有所不同，因此他仍然是出於接受城市文化的被授予者地位，並非反向的選擇。

---

3 埃里克·霍布斯邦（Eric Hobsbawm）著，顧杭、龐冠群譯，《傳統的發明》，譯林出版社，二〇二〇年。

第六節　去地域化的辣椒

大城市裡的老居民經常會感嘆，家門口的小食店怎麼不見了，那些「麻辣燙」、「拉麵館」、「桂林米粉」、「沙縣小吃」又是從哪裡冒出來的？老北京的豆汁小攤走了，打著「手抓餅」小旗的推車來了；老上海的餛飩攤少了，做外地人和遊客生意的「小籠包」多起來了；老廣州的粥鋪少了，味道走樣的腸粉店卻遍地開花。

在中國城市邁入現代移民城市這一階段以前，中國的城市曾是帶有鮮明的地方飲食文化特色的，隨著一九九〇年以來中國城市化的進程加速，大量的移民湧入城市，原有的地域特徵飲食文化迅速地被現代性的飲食文化所取代。這一進程並不是全國一致的，但卻存在著全國性的影響，也就是說，即使某一地的人口流動頻率和物流發達程度還沒有達到「去地域化」的程度，但是由於全國性的整體影響，「去地域化」的進程也同樣發生了，但是程度不及發達地區。總體來說，如果按照國際通行的劃分標準，以一千萬人口以上為巨型城市，以五百萬至一千萬人口為特大城市，以一百萬至五百萬人口為大型城市，以十萬至一百萬人口為中型城市，以十萬人口以下為小型城市。那麼中國的巨型城市、特大城市和大型城市，已經基本上完成了從地域性城市向移民型城市的轉化，原有的地方性飲食文化特徵基本上已經被現代性飲食文化所代替。在外來移民人口占比尚不太高的中型城市和小型城市，還能保持一些地方性飲食文化特徵。從區域來說，東南地區的轉化要比其他地區更快，沿海地區要比內陸地區更快，沿交通幹線和主要河流地區要比交通不便利的地區更快。由於中國傳統地域飲食文化高度集中於東部區域的商業和文化中心，而現代中國的大型城市多數由原來的區域中心城市轉化而來，從而導致現代飲食對傳統飲食的覆蓋，原有的地方性飲食文化在現代性飲食文化的衝擊下不斷消解、碎片化，乃至於喪失獨立性。

去地域化（deterritorialization）最早由法國學者吉勒・德勒茲（Gilles Deleuze）一九七二年在《反俄狄浦斯》一書中提出，廣義上的去地域化是指當代資本主義文化中人類作為主體的流動性、消散性和分裂性。[1]但是這一概念最常被用於文化全球化的解釋，在人類學界，「去地域化」一般指文化與地方之間的聯繫的弱化，這種弱化包括文化的主體和客體在時間和空間上的去地域化。具體到飲食文化上來說，以起源於重慶的麻辣燙為例，所謂空間聯繫的弱化是指麻辣燙作為物的主體與重慶這一地理空間的聯繫逐漸弱化，而麻辣燙的製作者和消費者作為物的客體也不限定於原來的地理空間——重慶；所謂時間的聯繫的弱化則是指麻辣燙的起源和傳播的進程不斷在不同的地方重現，原來的作為地方文化的麻辣燙失去了時間上的原真性。

在現代性飲食取代傳統地方性飲食的過程中，起到決定性作用的歷史背景是現代

1 Gilles Deleuze, and Félix Guattari (2004), *Anti-Oedipus: Capitalism and Schizophrenia*[1972], trans. Robert Hurley, Mark Seem, and Helen R. Lane, Continuum.

物流的高度整合和日益頻繁的人口流動。美國人類學家喬納森．弗里德曼（Jonathan Friedman）說：「現代社會將個人的文化體驗從原本所處的『地方性情境』中抽離出來，消解了飲食文化與地域長久以來的關係，因此產生了『去地域化』現象。」[2]因此現代性飲食的基本特徵即是人的流動，城市中大量的新移民和流動人口共同營造了一種新的現代性飲食，這種新型的飲食文化是伴隨著城市化的劇烈進程發展的，它不再受限於傳統的地域物產，但現代性飲食可能從舊的地域飲食文化中借鑒了一些特徵，比如採用了某種食材，或者盡力在模仿某一種地方性口味，比如蘭州拉麵中的麵條、牛肉，以及牛骨高湯的口味，儘管這些飲食的具體內容是舊有的，但是作為一種現代性飲食，其整合的結果卻是全新的：全國各地的蘭州拉麵、麻辣燙門市，不再採用本地牧民和農戶的產品，而是通過全國物流網路採購工業化加工的冷凍麵團和冷凍牛肉，採用統一配置的高湯配料來取代原本一家一戶熬製的高湯，因此現代性飲食的本質是一種全球化現象的代表，是現代性的一種體現。

在中國的現代性飲食當中，有幾種「物」的表徵是值得我們特別注意的，即能夠在全國範圍內普遍地流行起來的飲食，外來的有「麥當勞」、「肯德基」、「漢堡王」、「回轉壽司」、「韓國烤肉」；來自台灣的有「珍珠奶茶」、「永和豆漿」、「炸雞排」；來自華北的有「煎餅果子」、「小肥羊」；來自西北的有「蘭州拉麵」、「烤羊肉串」；來自四川的有「麻辣燙」、「紅湯火鍋」、「重慶小麵」；來自華南的有「桂林米粉」、「粵式茶餐廳」、「沙縣小吃」，以及最近流行起來的「潮汕牛肉火鍋」。

從這些先後在城市中流行起來的現代性飲食類型當中，筆者總結了四個共同的規律：

1. **簡化菜單**：菜單上的品類越來越少，只保留主打的二三個品種，甚至只有一種

2 喬納森．弗里德曼（Jonathan Friedman）著，郭健如譯，《文化認同與全球性過程》，商務印書館，二〇〇三年。

主打品種。

2. **規範操作**：盡量免去複雜的人為因素環節，減少廚師的參與，使菜品得以高度統一，操作便利到只需要幾個小時的培訓就可以上崗。

3. **統一食材**：高度依賴現代物流，原材料可以快速且廉價通過全國物流網路鋪到每一個門市，同時保證了原材料的一致性。

4. **配方調味**：依賴工業化的調味品保證食物的口味，很多飲食店都有固定的調味配方，而這些配方是密不公開的，作為重要的資產之一掌握在資方的手中，資方以工業化的生產方式製造這些統一的調味品，分配給各個門市，同時這些濃烈的調味品可以掩蓋工業化食材缺乏原材料風味的缺陷。

以中國本土的現代性飲食類型舉例，凡是火鍋類型的飲食，都符合以上的特徵。「紅湯火鍋」、「小肥羊」、「潮汕牛肉火鍋」、「麻辣燙」，火鍋可以最大限度地免去廚師的參與，人為的因素被極大地降低；火鍋的品類很少，無非是清湯、紅湯、鴛鴦等有限的幾種，可以給消費者留下深刻的印象，而免去繁複的菜譜；火鍋高度依賴現代化的物流，在現代物流出現以前，內蒙古的羔羊肉、潮汕的黃牛肉，這些有著鮮明地域特徵的食品很難在全國範圍內流行起來，但是冰凍的標準化食材不可避免地失去了一些食材原本的風味，所以又依賴調味賦予風味。火鍋的口味高度依賴火鍋底料的味道，如果沒有獨特配方的火鍋底料，火鍋門市很容易被複製，因此能夠在全國範圍內獲得一定市場份額的火鍋餐飲品牌，無不有自己獨特的湯底配方。對於「小肥羊」、「紅湯火鍋」來說，是湯底作為獨特的配方，而對於「潮汕牛肉火鍋」來說，由於使用的是清湯底，因此難以湯底作為區分的標誌，所以「潮汕牛肉火鍋」主要以蘸料的製作作為品牌的標誌物——沙茶醬。

即使不是火鍋品類的飲食，同樣也受到這四個共同規律的支配。「珍珠奶茶」、「永和豆漿」、「炸雞排」、「韓國烤肉」完全匹配這四條規律，「珍珠奶茶」的品類是簡單的，人為因素被降到最低，幾乎都使用現代化的飲料製作機器出品，原材料高度依賴現代物流的配送，每一個較大的奶茶品牌都有自己獨特的配方。「永和豆漿」、「炸雞排」、「韓國烤肉」在這些方面也是類似的。

速食品類的幾種飲食類型值得特別關注，即「蘭州拉麵」、「沙縣小吃」、「重慶小麵」、「桂林米粉」，它們在第一、三、四條規律上似乎符合，然而在第二條規律上並不符合，這些速食品類的飲食類型仍然保留了很大的差異性，也就是人為因素的痕跡，我們經常會發現有些蘭州拉麵硬一些或者軟一些，湯頭的味道也略有差異；桂林米粉、重慶小麵的標準也很不一致，麵條的口感、湯頭和配料都因店而異；根據段穎等人的調查，沙縣小吃的蒸餃、拌麵等小吃被各地沙縣小吃店塑造為最具代表性的沙縣小吃。只要稍稍留意各地的沙縣小吃店，就能發現店內的蒸餃從賣相到盛放器皿都驚人一致。[3]但沙縣小吃的差異性也不容忽視，有些沙縣小吃賣起了燉湯，還有一些甚至賣起了黃燜雞米飯。雖然這些速食品類的飲食行業協會都在致力於規範化，但是由於門市的資本相對分散，因此很難做到統一品牌下的高度一致。以蘭州拉麵為例，由於拉麵對於人工的依賴程度很高，不容易通過醬料、底料、蘸料之類的調味品進行品質控制，客觀上造成了即使是品牌加盟店，也有可能出現出品不一致的情況。

有一些連鎖品牌的蘭州拉麵，要求加盟商只能向品牌購買配料，通過向加盟商銷售配料獲利，但是拉麵本身的製作仍然對出品造成了決定性的差異化影響。

在中國城市化進程中發生的現代性飲食文化取代傳統地域性飲食文化現象，實際上是全球普遍的現象。美國、西歐等傳統發達國家早在二十世紀五六〇年代就已經經歷過這一歷程。

但是中國的「麥當勞化」與美國的麥當勞化有許多似是而非的地方，我們就以麻辣燙為例，如同美國有許多以麥當勞模式售賣漢堡的品牌一樣，比如有Wendy's Burger、Carl's Junior等，中國也有許多麻辣燙的品牌，如楊國福麻辣燙、玉林串串香等，但是城市中最多的還是那些沒有全國性品牌的小店。在可計算性和可斷定性方面，中國的現代性飲食弱於美國的同行，儘管配方調味可以盡量地統一口味，標準化

3 段穎、梁敬婷、邵荻，〈原真性、去地域化與地方化：沙縣小吃的文化建構與再生產〉，《北方民族大學學報》（哲學社會科學版），二〇一六年，第六期，頁七四—七九。

服務可以是盡量使烹飪操作高度一致，但是由於資本的分散和中國地域口味的巨大差異，仍然使得中國的現代性飲食產生了與別國經驗不同的特徵。

中國現代性飲食文化中帶有鮮明的辣味元素的三類物的表徵體，即「麻辣燙」、「紅湯火鍋」、「重慶小麵」。這三種食物最明顯的特徵，也是最容易統一的形象，即是工業化批量生產的統一的調味醬料。同時，筆者也提出了麥當勞化的四個指徵實際上在中國食品工業的現代化進程中也同樣得到了體現，雖然有些指徵在中國的實踐中與美國有些不同，但是整體而言仍是同一類型的。這三種辣味的現代性飲食，有一個共同的特徵，即都是氽燙煮食的食物，這種烹飪方式使得廚師的參與性被降到最低，而火鍋類的飲食直接省去了廚師這個職位設置，由顧客自行煮食。因此這種類型的飲食最能夠體現「可斷定性」、「可計算性」和「可控制性」。

以筆者提出的中國飲食現代性的四個規律來看，這三種食物符合全部特徵，即簡化菜單、規範操作、統一食材、配方調味。氽燙的食物可以免去複雜的廚房操作，很容易通過現代物流體系規範和量化並且在全國範圍內統一配送，在菜單上品類非常簡單，通常火鍋只能選擇有限的幾種口味，麻辣燙也是如此。對於汆燙類的食物來說，最為關鍵的則在於調味，而這種調味又可以很方便地由中央廚房統一調製並且批量生產，送達每一個門市。

無疑，辣椒是配方調味最為青睞的味道，辣味天然帶有突出的標誌性特徵，容易形成辨識度；辣味可以掩蓋由現代物流帶來的冰凍食物的不良味道和口感，可以最大限度地利用食材（包括臨近保質期的食物）；辣味可以刺激唾液分泌，可以促使消費者更快地吃下更多的食物，有利於餐館的盈利；辣味還可以很方便地和其他味道搭配起來，形成獨特的香料配方，從而建立企業的調味祕方。但辣椒也有它的致命弱點，對於不吃辣的消費者而言，只要有辣味就會導致辣味食物完全被排除出他的選擇範圍。但是隨著城市化程度的日益加深，完全不食辣的消費者越來越少了。

筆者在上海、廣州、深圳進行的訪談中發現，年齡介乎於十八—四十歲之間的人幾乎都能吃一些辣，即使他們的常居地並不是傳統上的吃辣區域。而在四十歲以上的人中，大致可以根據常居地來判斷此人是否吃辣。這說明吃辣在城市的主要外餐消費群體中已經是非常普遍的。在訪談中，很多來自傳統上不吃辣區域的年輕人表示，如果不吃辣，則很難與同學、同事或朋友進行社交聚餐活動。其中有幾位明確表示自己在家中從不吃辣，而是在大學同學或同事的影響下吃辣的。有趣的是，其中一位廣東籍大學生告訴我，他的室友全部是廣東人，卻在聚餐時常常選擇湘菜、川菜等餐館，這是由於這些餐館往往價格比較便宜，學生的消費水準能夠負擔得起。

隨著城市中的居民對於辣椒的接受程度越來越高，近年來的飲食調查表明中國大約有半數的居民吃辣，當然這一比例在城市中更高。以辣味作為突出調味特徵的配方調味品越來越普遍，因此在中國特色的汆燙式現代性食物中，辣味的調味起到了關鍵的作用。

漢堡在美國的現代性飲食中普遍流行，有其食物自身的屬性因素。漢堡一般由兩片麵包，夾一層起司片、一層現烤牛肉餅、兩片酸黃瓜，再塗上美乃滋醬或是番茄醬製成，也有些漢堡會加入幾片生菜或者甘藍葉，或者加入兩片培根。但基本的形制必須包括麵包和中間的肉餅和起司片。麵包、肉餅、起司片這三者都是可以大批量地標準化生產，並且通過冷凍運輸到達每家門市的食材，為了確保品質的穩定，肉餅焙烤的時間精確到秒，早期需要人工完成，現在亦可以機器進行。漢堡的屬性決定了它很容易以標準化的流程生產，並且不容易產生太大的偏差，且漢堡這種產品包括一般人所認知的一餐中必須的元素，即澱粉質食物、肉食和蔬菜，雖然其比例極不合理。

同樣的汆燙式食物、即麻辣燙、火鍋之類的食物在中國的流行也與其屬性有關，即這些食物與漢堡有相似之處，雖然它們看起來大相徑庭。一般來說，麻辣燙的可選食材包括豆腐串、鵪鶉蛋、牛肉丸、腐竹、生菜、金針菇、牛肉片、白菜、香腸、魚蛋、蟹肉棒、火腿、魷魚花等等，看起來種類非常豐富，但是這些食物除了蔬菜類，大部分都是冷凍品，而蔬菜類則多用四季皆有的品種。麻辣燙主要通過調味料來賦予食物味道，冷凍食材經過了標準化的汆燙流程以後，被浸在調味料湯汁中吸取味道，再按照顧客的要求選取蘸料加入湯汁，即是麻辣燙的一般操作流程。這個過程中可由烹飪者影響的因素非常少，可以說除了汆燙的時長，幾乎所有的因素都是可控制的。從效率來看，麻辣燙的確是效率很高的飲食類型，它不需要聘請高薪且不穩定的廚師，口味的一致性也容易確保。且麻辣燙可以由消費者自行搭配菜式，又不增加廚房的運行壓力，這也是一個巨大的優勢。因此我們說麻辣燙是中國的漢堡，也是恰如其分的。

第七節　邊疆的辣椒

中國是一個幅員遼闊的國家，各周邊區域的飲食都對中國的飲食文化有大小不一的影響，在跨區域交流和融合的過程中，食辣飲食被相互借鑒地採用，形成了當代中國錯綜複雜的多源性辣味飲食文化。

本節主要討論中國帶有顯著食辣特徵的邊疆飲食文化類型，包西北飲食、高原飲食、西南飲食和海外的東南亞華人飲食，共有四種類型。這裡所說的邊疆，不單指地理上的邊疆，亦指文化上的邊疆，即廣義的邊疆。僑居海外的中國人，以及定居海外的華裔，他們一方面繼承和傳播了中國飲食文化，另一方面也在改變著中國飲食文化。海外的中餐大多帶有鮮明的當地飲食痕跡，為了適應當地人的口味而做出了很大的調整，但仍保持了中國飲食文化中一些共同的傳統。這種域外的中國飲食文化，就是文化上的邊疆。

下圖簡要地表示了中國飲食文化的核心和邊疆的關係，以及各類型的區域飲食文化相互之間的影響，相鄰的六邊形表示互相之間有較大的影響。這裡所說的「中國飲食文化核心」並不是指一個具體的菜系或者區域飲食類型，而是中國各區域飲食文

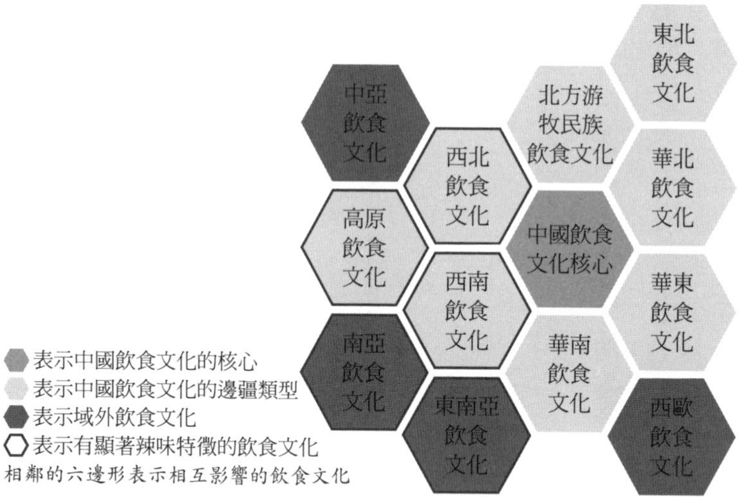

中國飲食文化的核心與邊疆

化中的共同部分，邊疆類型則是指中國飲食文化與相鄰的飲食文化碰撞和交織產生的帶有鮮明的異域特徵的飲食文化類型。

中國是一個地域廣袤的多民族國家，除了以漢族為主體的中國飲食文化核心，差異性比較大的還存在以蒙古族為代表的北方遊牧民族飲食文化，以藏族、羌族為代表的高原飲食文化，以維吾爾族、回族為代表的西北飲食文化，以傣族、苗族、壯族、彝族、佤族等西南少數民族為代表的西南飲食文化等。這些中國境內的少數民族飲食文化都不同程度地受到了中國飲食文化核心的影響，同時也對中國飲食文化核心施加影響。食辣飲食習慣即起源於西南山地少數民族，而後強烈地影響了漢族的飲食文化，再傳播到其他邊疆飲食文化類型中去。

在當今全球化的時代，中國飲食文化不可避免地與域外飲食文化發生相互作用和影響，由於近百年來西歐文明的強勢地位，當代中國飲食文化中的域外元素有不少來自西歐飲食文化和美國飲食文化。然而中國飲食文化也在海外華僑華人的積極推動下不斷延伸邊界，可以說到了二十世紀末，世界上但凡有人類居住的地方，幾乎都有中餐的痕跡。中國飲食文化向海外的擴張同時也影響了自身，華僑華人不斷將中餐按照當地人的飲食口味改良，反過來又傳回中國本土，使中國本身的飲食文化添加更多的域外元素。中國本土的飲食文化也在不斷吸納域外飲食文化中符合中國飲食文化品位和取向的部分，文化和地理距離上離中國比較近的東南亞飲食文化、南亞飲食文化對中國食辣飲食的影響很大。

飲食文化的相互影響存在著「高地」和「窪地」的規律，一般來說，內容比較豐富的飲食文化對內容較為貧乏的飲食文化進行輸出；反之，弱勢的一方總是會受到相鄰的強勢的一方的影響。如資中筠在《從文化制度看當代中國的啟蒙》中所說「文化有一個窪地效應，總是從高向低處流」。飲食文化的「內容」是指某一飲食文化中的食材選擇，烹飪手法的多樣化，飲食儀軌的複雜程度，飲食價值判斷的多角度，歷史源流的長遠和多源頭，某些飲食文化的內容是較為豐富的，能夠對周邊那些內容較為貧乏的飲食文化產生持續的影響力。

一個族群的飲食文化內容的豐富與貧乏通常決定於以下幾個條件：

地理環境的複雜程度。地理和氣候類型決定了人們的生計模式，如果一個族群的生活區域僅有漁業或者牧業，顯而易見的，他們的飲食文化就僅僅圍繞著漁業產品或者牧業產品，這樣就會使他們的飲食文化內容比較貧乏。比如說蒙古人傳統的生計模式以牧業為主，他們的飲食文化在很大程度上就圍繞著一系列的肉奶產品進行創造。氣候類型的決定作用也同樣重要，比如俄羅斯人的生活區域大致限於寒溫帶和亞寒帶，雖然幅員遼闊但氣候過於寒冷，導致他們的物產極為有限，飲食文化可以發揮的空間較小。反過來，日本的疆域比俄羅斯小得多，但是覆蓋的氣候生計類型卻比俄羅斯多，日本南部的沖繩列島可以生產香蕉、甘蔗、鳳梨一類的熱帶產品，北部的北海道也可以產出松葉蟹、鮭魚一類的寒帶海產品，日本除了舉世聞名的漁業以外，也出產畜牧產品如神戶牛、松阪牛等，種植業更是兼有米、麥和大豆。中國的情況更加豐富，世界上幾乎所有的氣候類型都可以在中國找到，各地的不同出產更是不勝枚舉。

貿易和移民的發達程度。有些國家本土的氣候類型不多，但是卻擁有廣闊的海外殖民地，導致它可以借鑒和利用的域外食物品種非常豐富。以英國飲食文化為例，它的食材不僅有不列顛群島本土的材料，還有來自歐洲大陸的貿易品，更有來自海外殖民地的食材。英國的紅茶就是一個貿易複合的典型，來自印度的紅茶、本土的奶、加勒比的糖共同構造出一系列英式茶文化。英國在海外的殖民和貿易不但把許多英國飲食文化的內容輸出到海外，如中國香港的茶餐廳就大量借鑒英國飲食文化；同時也使得世界各地的飲食文化逐漸融入英國本土，如來自印度的咖哩就在英國生根發芽，產生出了較為清淡的英式咖哩食品。與英國的情況比較類似的還有葡萄牙、西班牙和法國，這些國家在開拓殖民地和海外貿易的同時也極大地豐富了自身的飲食文化內容。相反地，在開拓殖民地和海外貿易方面不太成功的德國和東歐國家，飲食文化就比較局限於本地的出產。

政治結構的複雜程度。有一些族群，本土的出產較為豐富，海外貿易也很便利，卻沒有發展出較為豐富的飲食文化內容，比如東南亞的馬來人和他加祿人，這是由於他們的政治結構比較簡單導致的。不同的社會階層有著不同的飲食文化價值判斷，比如法國的飲食文化，存在歐洲宮廷飲食、封疆貴族飲食、平民飲食等各種複雜價值取向，它對飲食的價值判斷是多維度的。在進入殖民時代以前的東南亞，雖然也有國王和部落首領的階層，但政治和階級結構過於簡單，通常直接由部落首領統率平民，缺乏中間階層，導致整體上飲食文化差別不大，沒有形成複雜的價值判斷和飲食階級流派。

飲食文化輸出的方向一般來說是從「高地」到「窪地」，但某些特定的歷史時期也會出現逆向的情況，這種情況的出現通常是伴隨政治地位的突然逆轉而發生的。比如在南北朝時期，北朝的胡人統治者就使得大量的胡人飲食文化進入當時的北朝漢人生活中，但這種情況在南朝則極為罕見。在元朝和清朝的初期，蒙古和滿洲貴族的飲食文化也受到漢人的追捧，許多蒙古和滿洲飲食文化元素進入到漢族飲食文化中。這種情況不單在中國，也曾在波斯、印度、拜占庭等文明古國發生過。不過這種情況通常難以持久，統治者帶來的飲食文化很快被廣大的被征服者吸收、融合，其邊界再也難以清晰地劃分。

東南亞華人飲食中的辣椒

東南亞華人的飲食中辣椒的元素非常突出，但不僅限於此，還有許多中國本土罕見的香料在東南亞華人的飲食中都被廣泛地使用，這種情況的發生和華人移居東南亞地區的生活情境和歷史經歷密切相關。東南亞是全球重要的香辛料產地，歐洲殖民者在四百年前來到這片土地時，便以「香料群島」之名稱呼東印度群島。華人在東南亞的歷史要比西方殖民者更早，在明代早期便有大量的華人在東南亞定居，這些人主要是商人和海盜，他們為了更便利的海上貿易而在東南亞設立了許多華人貿易中轉站和據點。馬六甲就是其中非常重要的一個，馬六甲的三保山墓地有一萬兩千座華人墳墓，其中有數十座墳墓始建於明代，這便是明代華人在馬六甲定居的明證。十六世紀華人在東南亞的定居點主要有馬來亞半島的滿剌加（馬六甲）、蘇門答臘島的舊港（巨港）、東爪哇島的新村（泗水），此外呂宋、勃泥（汶萊）也有逾千名華人居住。如今早期華人的後代一般被稱為「土生華人（即 Peranakan，此詞在馬來／印尼語中皆為「外來移民的土生後代」

之意）」，在當地福建馬來混合語中則以峇峇娘惹（Baba Nyonya）稱之。

娘惹菜是東南亞華人飲食中非常重要的組成部分，也是當地華人引以為傲的特色菜。娘惹菜，顧名思義是土生華人中「媽媽」做的菜，這種菜式的特點是帶有濃郁的東南亞當地食物特色，但又是以中餐的形式呈現出來的。清中期以前到南洋謀生的華人多為男性，有些人在故鄉已有妻小，有些則是單身。由於明清海禁的緣故，民間海外貿易不得不在天朝疆土以外尋找據點，這些男人到了東南亞以後，有納當地人為侍妾的做法。明代文獻《殊域周咨錄》記載：「交易皆婦人為之，唐人到彼，必先納婦者，兼利其買賣故也。」就算不為了貿易，華人男性需要寓居南洋較長時間，生活也需要有人照料，在他鄉的寂寞也需要排遣，歷代文獻關於東南亞華人「兩頭家」的做法不乏記載。

娘惹菜是中國飲食文化在東南亞本地化的突出案例。新馬華人的海南雞飯必備辣椒蘸料，華人的咖哩菜和辣椒蝦醬（參巴峇拉煎，sambal belacan）也都有強烈的辣椒調味，本來不吃辣的閩粵籍華人在東南亞接受當地的辛辣口味，並且產生了一些新的口味。東南亞華人接觸到辣椒比中國本土要早得多，十六世紀早期葡萄牙人就已經給馬六甲帶來了辣椒，並在當地廣泛種植。「新馬華人」的吃辣習慣顯然是在當地形成的，他們把辣椒進一步地應用到許多原本的中國食物中去，獨創性地發展出了自己的食辣之道。

高原飲食中的辣椒

中國青藏高原上的族群的飲食文化是一種受外來影響比較複雜的類型，高原飲食文化本身的內容並不豐富，高原的氣候局限性使得食材受到很大的限制，高原的生計種類也比較單一，長期的宗教影響也使得高原飲食文化內容較不豐富，從而導致青藏高原出現了飲食文化的「窪地」效應，很容易受到諸多外來影響。高原飲食文化受到自東而來的四川飲食文化的影響，受到自北而來的西北飲食文化的影響，受到自南而來的南亞飲食文化的影響，前兩者都屬於中國飲食文化的子類型，後者屬於域外飲食文化。這三者都是帶有鮮明辣味風格的飲食文化，因此高原飲食文化也是辣味非常突出的類型。南亞飲食文化中以印度咖哩飲食的影響力最為突出，印度咖哩中辛辣的種類非常多，南亞飲食文化的辣味風味通常屬於複合式香料調味，少則六七種，多則十餘種香料疊加產生複雜的味覺體驗。在藏餐中，咖哩的風味被簡化了，香料的種類大為減少，組合成的咖哩基本上被限定在十種以內。四川飲食文化對高原的影響也很大，由於西藏物價水準較高，因此吸引了大量的四川人在西藏開設餐館，從事飲食服務業。四川人帶來的飲食文化是非常顯著的，但是原來複雜的四川複合味型，在高原地區被簡化為麻辣、香辣的味型，由於味型的簡單化，辣味的特徵也被強化了，因此我們會有直觀的感受——藏區川菜的辣味比四川還要辣。

西北飲食文化對高原的影響有類似的情況，但不同之處在於四川飲食文化在高原的影響主要依靠漢族移民的傳播，而西北飲食文化在高原的影響則主要依靠藏族內部的文化交流。青海的祁連山以南地區，是漢族、藏族、回族雜居的地域，這裡的飲食文化屬於西北飲食文化和高原飲食文化的過渡地帶。祁連山以北的河西走廊則是風格鮮明的西北飲食文化，居住於祁連山以南、青海湖以北的藏族，飲食文化上很接近西北飲食文化模式，從高原民族的角度上說，這裡則是藏人飲食文化的邊緣地帶，他們將西北飲食文化的內容不斷地向藏區內部傳播，尤其是辣椒調味料的傳播。青海的東北部是高原地區唯一的辣椒產地，西藏地區使用的辣椒粉主要在這一區域種植和加工。

辣椒傳入西藏是很晚近的歷史事件，大致在清朝的咸豐年間，即十九世紀中葉，從藏語辣椒的發音來看，應該是轉音自英語，因此很有可能是來自當時英屬印度的影響。不排除四川的食辣飲食有可能影響到東部的康區，但是這一影響並不是主流的。由於高原的地理條件並不適合種植辣椒，辣椒傳入藏區以後擴散非常緩慢，直到二十世紀後半期交通得到大幅度的改善，辣椒粉作為一種商品化的調味料才廣泛地在高原地區使用。高原使用辣椒的情況也呈現多區域複合影響的結果，四川和雲南飲食中辣椒通常與其他味道混合使用，形成複雜的多重味覺感受，如川菜的麻辣、香辣、鮮辣等複合味型，然而高原的辣味則比較單一，僅僅是單純的辣味而已。高原使用的辣椒粉明顯受到西北飲食文化的影響，在高原，鮮食和醬式的辣椒都不如辣椒粉普及，西北地方生產的辣椒粉色澤鮮紅、香味突出、辣度適中，在高原地區很受歡迎，也是高原飲食中辣味的主要來源。高原飲食文化藉由與尼泊爾和印度的聯繫，從南亞飲食文化中認識到了辣椒，從中國西南的飲食文化中了解了辣椒在飲食中的應用。從西北飲食文化中獲得了辣椒粉，並以此作為主要的辣味來源。

西北飲食中的辣椒

陝西是中國西北地區食用辣椒的重要節點，在陝西辣椒一般以油潑辣子的形式添加到麵食中，或者用於蘸食。這種食用辣椒的形式影響了整個西北地區，本書第二章第七節「南北差異」有詳細的解釋，在此不贅述。

假如我們將考察的對象擴大到整個北方地區，不難發現陝西是一個特例，潼關以東的晉、冀、魯、豫四省的傳統地方菜肴幾乎都不會在烹飪過程中加入辣椒，即使提供辣椒，也只是供蘸食或自行添加。雖然近三十年來北方菜肴中辣椒出現的頻率大幅度上升，但是總體而言，北方菜中辛味來源仍然是胡椒、蔥、蒜等傳統作物，辣椒的作用並不突出。陝西廣泛食用辣椒發生在同治年間以後，筆者認為與同治年間發生西北社會動蕩有很大的關聯，它動搖了傳統飲食文化所依存的社會經濟結構，造成了辣椒在西北地區的迅速擴散。反觀晉、冀、魯、豫四省，雖然在二十世紀中也遭遇了一系列的社會動蕩，但總體而言飲食文化並沒有遭受顛覆性的衝擊。尤其是歷史悠久、系統完整的魯菜，具有強大的韌性和生命力，較難接受辣椒這種味覺元素較為「霸道」的外來物產。此外，中國東北飲食近年來出現了不少加入辣椒的菜肴，筆者認為這種情況是本書第三章第五節「移民的口味」討論過的城市移民飲食文化的影響，是由大規模的人口遷徙導致的。根據筆者的實地考察，中國東北飲食的核心內容是屬於魯菜系統的，其宴席菜肴體現出明顯的魯菜傳統。辣椒只不過影響了東北菜的「肌膚」，其「筋骨」仍是魯菜的。

在中國的西北地區，由於長期存在和中亞各國之間的貿易交流，中亞飲食文化的影響很突出。在二十世紀以前，中國西北，尤其是新疆地區的飲食文化更近似於中亞的其他民族，與中國腹地的相似性較弱。隨著二十世紀中期以來大規模的漢族移民進入新疆，給新疆帶來了多樣化的各地區飲食文化元素，比如大量的南方移民進入新疆，給新疆飲食帶來了辣椒米粉，帶有西北特色的調味方式搭配上經過本地化改造的米粉，這種南北雜糅的風味在內地是不多見的。新疆著名的美食大盤雞也是移民文化的產物，雖然大盤雞的歷史很短，至今也不過三十多年，但儼然已經是新疆的代表菜式。大盤雞的原型是辣子炒雞，具體的源流非常複雜，起源有河南移民說、四川移民說、貴州移民說、本地發明說等，但可以確定的是這是一種由長途貨車司機帶起來的流行。這些與傳統「跑江湖」相似行當的人，在近幾十年來帶動了許多地方美食的流行，承襲了數百年來漕運船幫帶動江湖菜飲食文化流行的一貫傳統。

當代西北飲食中的辣椒元素非常突出，以至於人們很難想像沒有辣椒的西北飲食是什麼樣子的，但如果我們進一步向西，則會發現中亞飲食原本的樣貌。在當代，我們可以觀察到中國飲食文化的邊疆類型——新疆飲食文化向中亞的滲透，也就是對中亞的輸出，而反過來的情況在當代則比較少見。中國西北的飲食文化中辣椒的使用比較多，這種影響主要來自域內的影響，而不是受到中亞飲食文化的影響，中亞飲食文化大多沒有鮮明的辣椒成分。當代西北諸民族中使用辣椒的情況非常普遍，在西北的蒙古族、回族、維吾爾族、哈薩克族、柯爾克孜族、土族、達斡爾族、撒拉族、錫伯族、烏孜別克族、保安族飲食中都可以看到辣椒的使用，隨著這些民族與中亞同源民族的交流，辣椒也從中國境內不斷向域外擴散。這些西北少數民族擔當了辣椒傳播的「二傳手」角色，即在清末

衛星照片顯示新疆尉犁縣晾曬辣椒的壯觀場面。

以來從西北漢族手中得到了辣椒，再內化為本民族的食物，然後進一步地向西傳播。

西南飲食中的辣椒

在中國的西南邊疆地區，主要是雲南的食辣飲食文化中，來自緬甸、泰國的東南亞飲食元素是不容忽視的重要組成部分，尤其是滇西、滇南的少數民族聚居地區，其食辣飲食文化的風味特徵很容易讓食客聯想到東南亞的飲食，而不是中國的飲食。在滇北，其食辣飲食文化的風味特徵比較接近於四川和貴州，中國飲食的風味特徵比較明顯。也就是說同樣是辣味的菜肴，雲南省中存在兩種以上的食辣飲食文化範例，雲南的這種飲食文化現實，筆者認為其可以屬於中國—東南亞飲食文化過渡類型，是中國飲食文化大類型下的一個子類型。

本節中所指的「西南地區」系指中國飲食文化核心區域以外的西南地區，即四川盆地、雲貴高原的漢族聚居地區以外的地區的西南少數民族的飲食文化，由於西南地區（主要是雲南省境內）的少數民族眾多，我們應該將其分作兩類看待：第一類是受到境內辣椒飲食文化影響比較多的少數民族；第二類是受到域外——主要是東南亞辣椒飲食文化影響比較多的少數民族。第二類在中文語境中被稱呼為「少數民族」的，很多是在東南亞諸國中的主體民族，因此他們的飲食文化有不少來自東南亞的成分。西南地區辣椒傳入的情況遠比西北地區和青藏高原地區複雜，這是由於中南半島辣椒的傳入比中國本土辣椒的傳入時間上要早，且在中南半島辣椒進入飲食也比在中國本土要早，因此雲南省少數民族中使用辣椒的傳統有相當部分來自西南方向的域外，但亦有從東北方向的漢族聚居地區（漢族食辣的傳統也起源於苗族和土家族）傳來的辣椒飲食傳統，因此來源比較複雜，辣椒食用的方式也非常多樣。很多西南的少數民族的食辣飲食同時受到了上述兩個方向的影響，因此本節說的境內或者域外影響，是以其影響較大者為依據的，並不是說存在單純某一個方向的影響。

西南地區食辣傳統以境內影響為主的，即前文所述第一類的民族主要有漢族、回族、白族、納西族、彝族、苗族、瑤族、壯族、哈尼族。自康熙年間貴州的苗族和土家族開始在飲食中使用辣椒後，辣椒在西南方向上的傳播速度非常快，到乾隆年間，雲南的昭通、曲靖、昆明、玉溪、楚雄地區陸續都出現了種植和食用辣椒的記載。也就是說占據雲南往內地商路通道的漢族、苗族、瑤族、壯族很快地接受了辣椒飲食，並開始向西北方向的彝族、白族、納西族聚居地區傳播。辣椒在雲南的傳播進入西北山區以後，即從大理、麗江方向向迪慶和怒江的傳播開始變得比較緩慢，主要是地理障礙的關係使得商路傳播受到阻礙。因此迪慶的藏族的辣椒飲食是非常晚近的事情，主要受到的是來自康區和藏區腹地的影響。境內食辣飲食的傳播在西南方向上同樣受到了阻礙，以玉溪、石屏、建水、元陽一線為界，中國境內的辣椒飲食傳播基本止步於此。雲南食用辣椒的主流方式是「蘸水」，即以辣椒和其他香辛料磨成粉狀，加入鹽，在食用時蘸取。雖然名為「蘸水」，但實際是一種以辣椒粉的形式存在的調味料，有些地方會在食用時加入油或水調和。這一特徵與四川、貴州的辣椒食用方式有差異，也與西北的辣椒粉食用方式不同。首先雲南蘸水是乾燥的，並且加入了大量其他佐料，從乾燥的特徵上似乎類似西北，但西北純用辣椒粉；從添加其他成分的特徵上又類似四川和貴州的辣椒醬，但川黔卻以濕態為主。筆者推斷雲南蘸水的源出於貴州和四川的影響，因此慣於在辣椒中添加其他佐料，但是雲南的氣候與貴州和四川有很大的差異，雲南的日照時間比較多，氣候較川黔兩地乾燥，便於製作和保存乾燥的辣椒，且雲南的商路大多是山路，運輸比較困難，因此以乾燥的形式運輸較為方便。故而形成了雲南獨特的乾燥、複合味覺的辣椒食用特徵。

西南地區食辣傳統以域外影響為主的，即前文所述第二類的民族主要有傣族、佤族、景頗族、哈尼族、拉祜族、傈僳族、德昂族、布朗族。這些少數民族在中國文獻中的記載很少，因此難以考證其食辣的時間和地理傳播途徑。不過筆者推測中南半島種植和食用辣椒的時間不會晚於中國，因此由湄公河流域北上的食辣傳統應該是與中國長江流域的食辣傳統幾乎同時開始擴散的，兩種食辣傳統的交匯地點則是雲南。在食辣傳統從中南半島向北傳播的過程中，起關鍵性作用的民族是傣族。泰國食用辣椒的歷史很長，但是中國境內傣族的歷史記載則很少，筆者推測與傣族居住地域臨近的佤族、哈尼族、布朗族（雖然佤族與哈尼族和彝族的血緣關係較近，但是由於地理的阻隔，受到傣族的影響的可能性較大）也同時受到了來自中南半島的食辣傳統影響。受到橫斷山脈的阻隔，雲南西部地區與雲南腹地的聯繫比較少，商路也經常中斷。在德宏、保山一帶居住的景頗族、德昂族和在怒江峽谷地區居住的傈僳族的辣椒飲食受到了從緬甸傳來的影響，因此食用辣椒的飲食傳統近似於緬甸，而與雲南腹地有相當的差異。綜合以上情況，雲南食辣飲食的域外影響主要來自中南半島，其中尤以緬甸和泰國的影響為甚，由於辣椒輸入品種的差異和長期種植選擇的趨向不同，從中南半島傳入的辣椒品種與中國本土飲食中所使用的品種皆不相同，東南亞飲食中常使用的「泰椒」，形狀類似中國的「朝天椒」，但是果實向下生長，味道極辣，與中國飲食中選擇香味濃烈的品種培育方向不同。

綜合中國當代飲食文化中辣椒元素的域外影響來看，以南亞、東南亞的影響最為突出，中國境內飲食文化中帶有辣椒元素的三種邊疆類型，分別是高原、西北和西南。其中西北飲食文化類型中辣椒元素主要來自境內的影響，即從關中地區一路向西傳播。而高原飲食文化類型中辣椒元素則有三個源頭，境內的是西北飲食文化類型

（邊疆類型）和四川飲食文化（核心類型），域外的則是南亞飲食文化，高原飲食文化中辣椒的使用習慣比較近似於西北飲食的使用習慣，然而在飲食中使用辣椒的傳統則很有可能來自南亞，尤其是尼泊爾和印度的影響。西南飲食文化類型中辣椒元素的來源最為複雜，除了從境內川黔地區傳入的影響，還有來自緬甸、泰國和寮國等地的影響，由於雲南的民族情況也相當複雜，因此西南飲食文化類型中的域外因素很多，且與境內的因素相互作用，產生了當地辣椒食用的複合傳統。如果以民族邊界來區分西南飲食文化中的辣椒元素，那麼大致上是其東北部以境內的傳統影響較大，其西南部以域外的傳統影響比較多。

參考文獻

史籍、方志、字書、筆記、小說、雜項等類：

許慎撰，徐鉉校，《說文解字》。北京：中華書局，一九六三年。

常璩撰，劉琳校，《華陽國志校注》。成都：巴蜀書社，一九八四年。

李時珍，《本草綱目》，〔欽定四庫全書本〕，一七九二年。

蔣深纂，《思州府志》，增補刻本，卷四・物產，一七二二年。

范咸纂，《重修台灣府志》，一七四七年。

趙學敏，《本草綱目拾遺》，一七六五年。

張玉書編，《康熙字典》。北京：中華書局，一九五八年。

曹雪芹，《紅樓夢》。北京：人民文學出版社，一九八二年。

袁枚，《隨園食單》。南京：江蘇古籍出版社，二〇〇〇年。

徐珂編，《清稗類鈔》，飲食類。北京：中華書局，二〇一〇年。
〈辣妹子〉，宋祖英唱，余志迪詞，徐沛東曲。《大地飛歌》，新時代，二〇〇二年。
《聖經・中文和合本》，中國基督教三自愛國運動委員會，中國基督教協會，二〇〇七年。

資料庫：

大眾點評網—美團網：餐飲門市數據。https://m.dianping.com/。
聯合國糧農署：FAO STAT，https://www.fao.org/statistics/en。
中國國家統計局：二〇一〇年第六次全國人口普查資料。
中國哲學書電子化計畫，https://ctext.org/zh。
中華人民共和國農業部：中國農業資源資訊系統，http://zdscxx.moa.gov.cn:8080/nyb/pc/index.jsp。

專書：

湖南調查局編，勞柏文校點，《湖南民情風俗報告書・湖南商事習慣報告書》。長沙：湖南教育出版社，二〇一〇年。
陳志明編，公維軍、孫鳳娟譯，《東南亞的華人飲食與全球化》。廈門：廈門大學出版社，二〇一七年。

梁方仲，《中國歷代戶口、田地、田賦統計》。北京：中華書局，二〇〇八年。
梁實秋，《雅舍談吃》。武漢：武漢出版社，二〇一三年。
馬文·哈里斯著，葉舒憲、戶曉輝譯，《好吃：食物與文化之謎》。濟南：山東畫報出版社，二〇〇一年。
韶山毛澤東紀念館編，《毛澤東生活檔案》。北京：中共黨史出版社，二〇〇六年。
彭兆榮，《飲食人類學》，第一版。北京：北京大學出版社，二〇一三年。
汪曾祺，《人間滋味》。天津：天津人民出版社，二〇一四年。
吳晗，《燈下集》。北京：生活·讀書·新知三聯書店，一九六〇年。
薛愛華著，吳玉貴譯，《唐代的外來文明（撒馬爾罕的金桃）》。北京：中國社會科學出版社，一九九五年。
曾智中、尤德彥，《張恨水說重慶》。成都：四川文藝出版社，二〇〇七年。
張應強，《木材之流動：清代清水江下游地區的市場、權力與社會》。上海：三聯書店，二〇〇六年。
張展鴻，《飲食人類學》。招子明、陳剛主編，《人類學》。中國人民大學出版社，二〇〇八年。
周作人著、陳子善編，《知堂集外文·四九年以後》。長沙：岳麓書社，一九八八年。
克洛德·李維史陀著，周昌忠譯，《神話學：餐桌禮儀的起源》。北京：中國人民大學出版社，二〇〇七年。
克洛德·李維史陀著，張祖建譯，《結構人類學》。北京：中國人民大學出版社，二〇〇九年。
大貫惠美子著，石峰譯，《作為自我的稻米：日本人穿越時間的身份認同》。杭州：浙江大學出版社，二〇一四年。
馮珠娣著，郭乙瑤等譯，《饕餮之欲》。南京：江蘇人民出版社，二〇〇九年。
黃宗智，《華北的小農經濟與社會變遷》。北京：中華書局，二〇〇〇年。
傑克·特納著，周子平譯，《香料傳奇：一部由誘惑衍生的歷史》，第二版。北京：三聯書店，二〇一五年。
喬納森·弗里德曼著，郭健如譯，《文化認同與全球性過程》。北京：商務印書館，二〇〇三年。
喬治·里茨爾著，顧建光譯，《社會的麥當勞化》。上海：上海譯文出版社，一九九九年。
西敏司著，王超、朱建剛譯，《甜與權力：糖在近代歷史上的地位》，第一版。北京：商務印書館，二〇一〇年。
尤金·安德森著，馬孆、劉東譯，《中國食物》，第一版。南京：江蘇人民出版社，二〇〇二年。
弗雷德里克·巴斯等著，高丙中等譯，《人類學的四大傳統》。北京：商務印書館，二〇〇八年。
弗雷德里克・巴斯主編，李麗琴譯，《族群與邊界：文化差異下的社會組織》。北京：商務印書館，二〇一四年。
莫克塞姆著，畢小青譯，《茶：嗜好，開拓與帝國》。北京：三聯書店，二〇一〇年。
Anderson, E. N. (2014). *Everyone Eats: Understanding Food and Culture*. Second Edition. New York: New York University Press.
Ayto, John (1990). *The Gluttons Glossary: A Dictionary of Food and Drink Terms*. London: Routledge.
Miller, Mark, and John Harrisson (1991). *The Great Chile Book*. Berkeley: Ten Speed Press.

論文：

曹雨，〈兩個蓮香樓的啟示〉，《廣西師範學院學報》（哲學社會科學版），二〇一六年，第六期，頁一三五—一三九、一五一。
陳春聲、劉志偉，〈貢賦、市場與物質生活：試論十八世紀美洲白銀輸入與中國社會變遷之關係〉，《清華大學學報》（哲學社會科學版），二〇一〇年，第五期。
陳志明撰，丁毓玲譯，〈馬六甲早期華人聚落的形成和涵化過程〉，《海交史研究》，二〇〇四年，第二期，頁一—一一。
丁曉蕾、王思明，〈美洲原產蔬菜作物在中國的傳播及其本土化發展〉，《中國農史》，二〇一三年，第五期。
段穎、梁敬婷、邵荻，〈原真性、去地域化與地方化：沙縣小吃的文化建構與再生產〉，《北方民族大學學報》（哲學社會科學版），二〇一六年，第六期，頁七四－七九。
胡乂尹，《明清民國時期辣椒在中國的引種傳播研究》，南京農業大學碩士論文，二〇一四年。
黃章晉，〈窮人重口味，富人淡口味？〉，《民俗非遺研討會論文集》，廣州市：神州民俗雜誌社，二〇一五年。
蔣慕東、王思明，〈辣椒在中國的傳播及其影響〉，《中國農史》，二〇〇五年，第二期，頁一七－二七。
藍勇，〈中國古代辛辣用料的嬗變、流布與農業社會發展〉，《中國社會經濟史研究》，二〇〇〇年，第四期，頁一三－二三。
藍勇，〈中國飲食辛辣口味的地理分布及其成因研究〉，《人文地理》，二〇〇一年，第五期，頁八四－八八。
李鵬飛，〈歷史時期「代鹽」現象研究〉，《鹽業史研究》，二〇一五年，第一期，頁七二－七九。
李昕升、王思明，〈中國古代夏季蔬菜的品種增加及動因分析〉，《古今農業》，二〇一三年，第三期，頁五〇－五五。

彭兆榮、蕭坤冰，〈飲食人類學研究述評〉，《世界民族》，二〇一一年，第三期，頁四八—五六。
尚雪雲，《民國西安飲食業發展初探》，陝西師範大學碩士論文，二〇一五年。
史幼波，〈百味鹹為先〉，《中國國家地理》，二〇〇五年，第一期。
吳燕和，〈港式茶餐廳：從全球化的香港飲食文化談起〉，《廣西民族學院學報》（哲學社會科學版），二〇〇一年，第四期，頁二四—二八。
許琦、徐玉基，《箬嶺古道明珠：許村》。合肥：合肥工業大學出版社，二〇一一年，頁一八一。
姚偉鈞，〈民國時期武漢的飲食文化〉，《楚雄師範學院學報》，二〇一三年，二十八卷第七期，頁六—一〇。
葉靜淵，〈我國茄果類蔬菜引種栽培史略〉，《中國農史》，一九八三年，第二期，頁三七—四二。
張光直撰，郭於華譯，〈中國文化中的飲食：人類學與歷史學的透視〉，《中國食物》，南京：江蘇人民出版社，二〇〇二年。
鄭南，〈關於辣椒傳入中國的一點思考〉，《農業考古》，二〇〇六年，第四期，頁一七七—一八四。
林青，〈中國本草傳說的分型、敘事特徵及價值〉，中央民族大學，二〇一〇年。

沈汝生，〈中國都市之分布〉，《地理學報》，一九三七年，四卷第一期。

朱多生，〈民國時期的成都餐館初探〉，《楚雄師範學院學報》，二〇一三年，二十八卷第七期，頁一一一一九。

資中筠，〈從文化制度看當代中國的啟蒙〉，《愛思想》，http:// www.aisixiang.com/data/100858.html，accessed 2017/10/17。

Boecker, Henning, Till Sprenger, Mary E. Spilker, Gjermund Henriksen, Marcus Koppenhoefer, Klaus J. Wagner, Michael Valet, Achim Berthele, and Thomas R. Toll (2008). "The Runner's High: Opioidergic Mechanisms in the Human Brain." *Cerebral Cortex* 18: 2523-2531.

"Chile Heat" (2006). Chile Pepper Institute, New Mexico State University. Archived October 16, 2012. Retrieved September 14, 2012.

Collins, Margaret D., Loide Mayer Wasmund, and Paul W. Bosland (1995). "Improved Method for Quantifying Capsaicinoids in Capsicum Using High-performance Liquid Chromatography." *HortScience* 30(1): 137-139.

Deleuze, Gilles, and Félix Guattari (2004). *Anti-Oedipus: Capitalism and Schizophrenia* [1972]. Trans. Robert Hurley, Mark Seem, and Helen R. Lane. London and New York: Continuum.

Lévi-Strauss, Claude (1966). "The Culinary Triangle." Trans. Peter Brooks. *Partisan Review* 33(4): 586-595.

Peter, K.V., ed. (2012). *Handbook of Herbs and Spices.* Cambridge: Woodhead Publishing.

Pickersgill, Barbara (1969). "The Archaeological Record of Chili Peppers (Capsicum Spp.) and the Sequence of Plant Domestication in Peru." *American Antiquity* 34(1): 54-61.

Rozin, Paul, Lily Guillot, Katrina Fincher, Alexander Rozin, and Eli Tsukayama (2013). "Glad to be Sad, and Other Examples of Benign Masochism." *Judgment and Decision Making* 8(4): 439–447.

國家圖書館出版品預行編目資料

激辣中國(新版)：從廉價到流行，辣椒的四百年中國身世漂流記，探查地域傳播、南北差異到飲食階級 / 曹雨著. -- 二版. -- 臺北市：麥田出版：家庭傳媒城邦分公司發行, 2022.05
面： 公分. -- (人文; 25)
ISBN 978-626-310-206-4（平裝）

1. 辣椒 2. 歷史 3. 中國

435.27 111002740

人文 25

激辣中國（新版）

從廉價到流行，辣椒的四百年中國身世漂流記，探查地域傳播、南北差異到飲食階級

作　　者　曹 雨
責任編輯　陳淑怡

版　　權　吳玲緯
行　　銷　何維民　吳宇軒　陳欣岑　林欣平
業　　務　李再星　陳紫晴　陳美燕　葉晉源
副總編輯　林秀梅
編輯總監　劉麗真
總 經 理　陳逸瑛
發 行 人　凃玉雲
出　　版　麥田出版
城邦文化事業股份有限公司
104台北市民生東路二段141號5樓
電話：(886)2-2500-7696　傳真：(886)2-2500-1967
發　　行　英屬蓋曼群島商家庭傳媒股份有限公司城邦分公司
104台北市民生東路二段141號11樓
書虫客服服務專線：(886)2-2500-7718、2500-7719
24小時傳真服務：(886)2-2500-1990、2500-1991
服務時間：週一至週五09:30-12:00・13:30-17:00
郵撥帳號：19863813 戶名：書虫股份有限公司
讀者服務信箱E-mail：service@readingclub.com.tw
麥田部落格：http://ryefield.pixnet.net/blog
麥田出版Facebook：https://www.facebook.com/RyeField.Cite/

香港發行所　城邦(香港)出版集團有限公司
香港灣仔駱克道193號東超商業中心1/F
電話：852-2508-6231　傳真：852-2578-9337

馬新發行所　城邦(馬新)出版集團〔Cite (M) Sdn Bhd.〕
41-3, Jalan Radin Anum, Bandar Baru Sri Petaling,
57000 Kuala Lumpur, Malaysia.
電話: (603) 9056-3833　傳真: (603) 9057-6622
E-mail：services@cite.my

封面設計　謝佳穎
排　　版　宸遠彩藝有限公司
印　　刷　沐春行銷有限公司

初版一刷　2022年2月
二版一刷　2022年5月
定價／380元
ISBN 9786263102064（平裝）
9786263102316（EPUB）

Printed in Taiwan

讀者回函卡

cite城邦媒體

※為提供訂購、行銷、客戶管理或其他合於營業登記項目或章程所定業務需要之目的，家庭傳媒集團（即英屬蓋曼群島商家庭傳媒股份有限公司城邦分公司、城邦文化事業股份有限公司、書虫股份有限公司、墨刻出版股份有限公司、城邦原創股份有限公司），於本集團之營運期間及地區內，將以e-mail、傳真、電話、簡訊、郵寄或其他公告方式利用您提供之資料（資料類別：C001、C002、C003、C011等）。利用對象除本集團外，亦可能包括相關服務的協力機構。如您有依個資法第三條或其他需服務之處，得致電本公司客服中心電話請求協助。相關資料如為非必填項目，不提供亦不影響您的權益。

☐ 請勾選：本人已詳閱上述注意事項，並同意麥田出版使用所填資料於限定用途。

姓名：_______________ **聯絡電話**：_______________

聯絡地址：☐☐☐ _______________

電子信箱：_______________

身分證字號：_______________（此即您的讀者編號）

生日：_____年_____月_____日　性別：☐男　☐女　☐其他_______________

職業：☐軍警　☐公教　☐學生　☐傳播業　☐製造業　☐金融業　☐資訊業　☐銷售業

☐其他 _______________

教育程度：☐碩士及以上　☐大學　☐專科　☐高中　☐國中及以下

購買方式：☐書店　☐郵購　☐其他 _______________

喜歡閱讀的種類：（可複選）

☐文學　☐商業　☐軍事　☐歷史　☐旅遊　☐藝術　☐科學　☐推理　☐傳記　☐生活、勵志

☐教育、心理　☐其他 _______________

您從何處得知本書的消息？（可複選）

☐書店　☐報章雜誌　☐網路　☐廣播　☐電視　☐書訊　☐親友　☐其他_______________

本書優點：（可複選）

☐內容符合期待　☐文筆流暢　☐具實用性　☐版面、圖片、字體安排適當

☐其他 _______________

本書缺點：（可複選）

☐內容不符合期待　☐文筆欠佳　☐內容保守　☐版面、圖片、字體安排不易閱讀　☐價格偏高

☐其他 _______________

您對我們的建議：_______________

____